Bacillus megaterium
原位合成纳米钯介导全程电子传递和能量代谢机理研究

贾亚婷　著

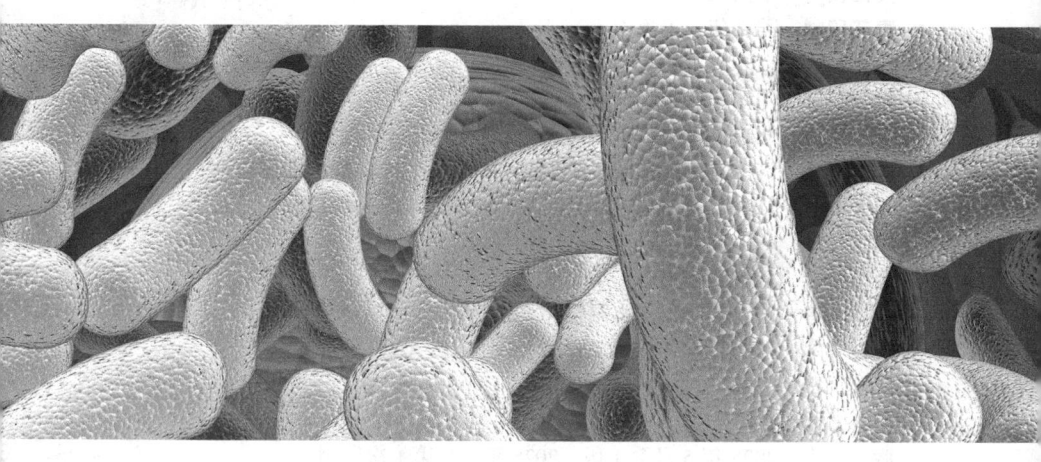

中国农业科学技术出版社

图书在版编目（CIP）数据

Bacillus megaterium 原位合成纳米钯介导全程电子传递和能量代谢机理研究／贾亚婷著 . -- 北京：中国农业科学技术出版社，2025.5. -- ISBN 978-7-5116-7414-2

Ⅰ . X703

中国国家版本馆 CIP 数据核字第 2025Y3B680 号

责任编辑	周伟平
责任校对	李向荣
责任印制	姜义伟　王思文

出 版 者	中国农业科学技术出版社
	北京市中关村南大街 12 号　　邮编：100081
电　　话	（010）82106638（编辑室）　　（010）82106624（发行部）
	（010）82109709（读者服务部）
网　　址	https：//castp.caas.cn
经 销 者	各地新华书店
印 刷 者	北京建宏印刷有限公司
开　　本	148 mm×210 mm　　1/32
印　　张	7.25
字　　数	200 千字
版　　次	2025 年 5 月第 1 版　2025 年 5 月第 1 次印刷
定　　价	48.00 元

◆◆◆ 版权所有·翻印必究 ◆◆◆

前　言

　　生物处理技术由于兼具环境效益与经济效益，是目前污水处理的主流工艺。但是随着总氮指标纳入管控以及集约式养殖发展模式下抗生素废水排放量的增大，微生物有限的电子传递效率不仅造成原有生物处理工艺的出水总氮不能稳定达标，而且导致外排水中抗生素和硝酸盐残留浓度较高，从而对自然水体造成非常严重的污染。因此，寻求可行的策略来强化生物处理工艺的反硝化和抗生素降解性能迫在眉睫。而纳米粒子在提高微生物的电子传递和代谢活性方面展示出前所未有的优势。本研究试图通过微生物原位合成具有高催化活性和高生物相容性的生物钯纳米颗粒（bio-Pd^0），结合 bio-Pd^0 的化学催化以及对微生物电子传递的生物介导作用，提高微生物的反硝化效率以及抗生素降解性能，并揭示 bio-Pd^0 强化污染物降解的全过程电子传递机制和能量代谢优化策略。主要研究结果如下：

　　（1）XRD、SEM 以及 TEM 的表征结果显示，厌氧条件下 *Bacillus megaterium* Y-4 能够通过生物还原与自催化还原的耦合作用在细胞表面、壁膜间隙以及细胞质内成功合成高稳定性和高生物相容性的 bio-Pd^0。除胞内酶和细菌表面的还原性官能团（氨基、缩醛基以及不饱和双键等）的还原作用外，生物产氢还原与胞外呼吸还原路径也参与了 Pd（Ⅱ）的生物还原，并且电子供体能够影响 Pd（Ⅱ）的还原路径从而调控纳米粒子的沉积位点和分布情况。以甲酸盐为电子供体时，Pd（Ⅱ）倾向于通过生物产氢路径在周质空间合成 bio-Pd^0，而在乳酸盐体系中，更多的 bio-Pd^0 通过胞外电子传递在胞外空间被合成。电化学分析结果显示：*B. megaterium*

中细胞色素 c 介导的直接电子传递以及游离核黄素介导的间接电子传递机制共存；特别地，首次在革兰氏阳性菌中观察到结合型黄素介导的快速 1 电子反应过程，是对革兰氏阳性菌胞外电子转移机制的重要补充。

（2）利用原位合成 bio-Pd^0 的微生物（bio-Pd@Cells）进行好氧反硝化实验，并阐明 bio-Pd^0 在好氧反硝化过程中介导的胞内电子转移机制。动力学和热力学结果表明，bio-Pd^0 的引入提高了微生物与硝酸盐和亚硝酸盐的反应亲和力，降低了反应活化能。酶活性和呼吸链抑制实验表明，bio-Pd^0 不仅可以通过非生物催化选择性促进亚硝酸盐的还原，还可以通过提高 Fe-S 中心活性，在复合物Ⅰ和复合物Ⅲ之间建立一条与辅酶 Q（CoQ）并行的电子传递旁路，有效提高胞内电子流向硝酸盐的电子通量，从而促进硝酸盐的生物还原。

（3）*B. megaterium* 原位合成 bio-Pd^0 建立土霉素（OTC）降解自强化系统，探究 bio-Pd^0 强化 OTC 降解以及脱毒机制。动力学分析结果显示，原位合成的 bio-Pd^0 能够通过化学催化和生物介导作用刺激 *B. megaterium* 的胞外 OTC 降解性能。基于 H$_2$ 的催化加氢过程是化学催化 OTC 降解的主要机制，而 OTC 胞外生物降解则归因于胞外酶、膜结合蛋白以及胞外呼吸作用。电化学分析以及靶向呼吸抑制实验结果表明：原位合成的 bio-Pd^0 可以介导一条新的不依赖呼吸链的电子传输路径，结合显著增强的直接电子传递和结合型黄素介导的单电子反应路径，扩大了电子的胞外输出通量，是增强 OTC 胞外生物降解的原因之一。此外，增强的 NADH 再生和电子传递活性促进了 ATP 合成，进而加速了能量依赖型的抗生素——谷胱甘肽的外排，维持了胞内氧化还原平衡，有效减缓了抗生素和纳米颗粒的生物毒性。并且，该系统中 OTC 的降解以基于 H$_2$/活性 H* 的氢解反应和加氢开环反应为主导，被转化为多种生物毒性较低的加氢开环中间产物，有效避免了高毒性中间产物的积累，确保了生态系统乃至公共卫生的安全。

（4）通过调控胞外 pH 值改变跨膜质子梯度（TPG）来探究 bio-Pd@Cells 基于跨膜质子梯度调控电子传递和能量代谢强化 OTC 降解的联动机制。OTC 降解动力学结果显示，尽管有效性系数的 pH 值依赖性增大表明随 pH 值升高，不带电 OTC（OTC^0）比例和 TPG 显著降低，导致 TPG 驱动的 OTC^0 的吸附和吸收速率显著下降，但 OTC 生物降解效率却显著提高，表明 OTC 生物降解是一个非胞内降解主导的过程。同时，超声破碎细胞的 OTC 降解效率远低于完整细胞，表明依赖完整呼吸链的生物过程可能参与甚至主导了 OTC 的生物降解。结构方程模型分析结果进一步证实，OTC 生物降解的强化依赖于呼吸链中受 ETS 调控的 ΔTPG 的显著增加以及介导底物水平磷酸化的琥珀酸硫激酶（STH）活性的明显提高，与 ATP 酶介导的能量代谢无关。进一步结合胞内呼吸抑制的 OTC 降解实验和电化学分析结果，证明 OTC 生物降解是一个依赖复合物Ⅰ和复合物Ⅲ的胞外电子传递介导的过程。此外，随着 pH 值增大，胞内 NADH 水平和 ETS 效率显著提高，同时起始电位负移并且 1 电子反应增强导致电子转移数降低，表明在 TPG 较低的条件下，复合物Ⅰ和复合物Ⅲ负责的具有储能优势的 NADH 依赖性——胞外电子传递过程被加速，从而导致 OTC 生物降解性能的 pH 值依赖性提高。

这些研究结果进一步完善了革兰氏阳性菌的胞外呼吸机制，并对胞外呼吸过程的调控和强化提供了新见解，有望扩展电活性微生物在生物催化和环境修复方面的应用前景。

目　　录

第一章　引　　言 ·· 1
1.1　环境中抗生素的危害及来源 ··· 1
1.2　四环素类抗生素和硝酸盐在水生介质中的检出情况 ············· 2
1.2.1　四环素类抗生素在水生介质中的检出情况 ················· 2
1.2.2　硝酸盐在水生介质中的污染情况 ······························· 5
1.3　抗生素生物降解技术的局限性 ·· 6
1.4　纳米粒子加快微生物代谢研究 ·· 8
1.5　生物纳米粒子研究现状 ·· 10
1.6　生物纳米粒子对微生物电子传递的影响 ···························· 13
1.6.1　胞外电子传递机制 ·· 13
1.6.2　纳米粒子介导微生物胞外电子传递机制研究 ············ 23
1.6.3　生物纳米粒子在环境污染修复中的应用 ···················· 26
1.7　科学问题的提出 ··· 28
1.8　研究思路 ··· 29
1.8.1　研究意义与目的 ··· 29
1.8.2　研究内容 ··· 29
1.8.3　技术路线图 ··· 31

第二章　实验材料与方法 ··· 32
2.1　实验试剂与实验仪器 ·· 32
2.1.1　实验试剂 ··· 32
2.1.2　实验仪器 ··· 33
2.1.3　菌株 ··· 34
2.2　B. megaterium Y-4 原位合成生物纳米钯 ···························· 35
2.2.1　细菌浓缩液的制备 ·· 35

  2.2.2 *B. megaterium* Y-4 原位合成 bio-Pd^0 纳米粒子 ·········35
  2.2.3 粗酶提取液合成 bio-Pd^0 纳米粒子 ················35
  2.2.4 不同的电子供体对 bio-Pd^0 纳米粒子合成的影响 ·····36
2.3 bio-Pd@Cells 的胞内好氧反硝化性能研究 ···············36
  2.3.1 细菌的驯化 ···································36
  2.3.2 生物钯负载量对 bio-Pd@Cells 好氧反硝化
     性能的影响 ···································37
  2.3.3 不同呼吸抑制剂对 bio-Pd@Cells 好氧反硝化
     性能的影响 ···································38
2.4 bio-Pd@Cells 的 OTC 胞外生物降解研究 ···············38
  2.4.1 不同 Pd^0 负载量的 bio-Pd@Cells 的 OTC 降解
     性能 ···38
  2.4.2 生物钯纳米粒子的分离 ·······················39
  2.4.3 生物钯纳米粒子催化 OTC 降解 ···············39
  2.4.4 不同细胞组分对 OTC 降解的贡献分析 ·········40
  2.4.5 不同呼吸抑制剂对 bio-Pd@Cells 的 OTC 降解
     性能的影响 ···································40
2.5 质子梯度调控 bio-Pd@Cells 的电子传递研究 ···········41
  2.5.1 胞外 pH 值对 bio-Pd@Cells 的 OTC 降解性能的
     影响 ···41
  2.5.2 胞外 pH 值对不同细胞组分 OTC 降解性能的影响 ···42
  2.5.3 不同抑制剂对 bio-Pd@Cells 的跨膜电子传递和
     质子转移的影响 ·······························42
2.6 分析测试方法 ·······································43
  2.6.1 Pd（Ⅱ）浓度的测定 ·························43
  2.6.2 生物钯纳米粒子的表征 ·······················43
  2.6.3 酶活性测试方法 ·····························45
  2.6.4 常规化学检测 ·······························49
  2.6.5 荧光定量 PCR 测试 ··························50

  2.6.6 跨膜质子梯度和膜电位的测定 ·················· 52
  2.6.7 活性氢物种测定 ···································· 53
 2.7 电化学分析测试 ··· 53
  2.7.1 电化学交流阻抗 ···································· 54
  2.7.2 循环伏安法 ·· 54
  2.7.3 差分脉冲伏安法 ···································· 54
  2.7.4 线性扫描伏安法 ···································· 54
  2.7.5 恒电位计时电流（I-t）法 ························ 55
  2.7.6 供电子能力测试 ···································· 55
 2.8 动力学模型 ·· 56
  2.8.1 生物钯合成动力学模型 ··························· 56
  2.8.2 Haldane 模型 ······································· 57
  2.8.3 吸附降解模型 ······································· 57
 2.9 热力学分析 ·· 58

第三章 *B. megaterium* 原位合成生物钯的自催化还原
    动力学及合成机理研究 ································· 59
 3.1 引言 ·· 59
 3.2 生物钯纳米粒子的成功合成 ······························ 60
 3.3 基于生物还原和自催化反应的生物钯合成动力学 ··· 64
 3.4 Pd（Ⅱ）的生物还原机理 ································· 66
  3.4.1 细胞组分对 Pd（Ⅱ）还原的贡献分析 ········· 66
  3.4.2 胞外电子传递介导 Pd（Ⅱ）生物还原 ········· 68
  3.4.3 碳源调控 Pd（Ⅱ）还原路径 ····················· 73
 3.5 本章小结 ··· 76

第四章 生物钯强化好氧反硝化的胞内电子传递机理研究 ··· 78
 4.1 引言 ·· 78
 4.2 生物钯促进好氧反硝化反应动力学 ····················· 80
 4.3 生物钯提高硝酸盐和亚硝酸盐还原热力学自发性 ··· 84

4.4 生物钯对 ETS 活性、反硝化酶活性和基因丰度的影响 ………………………………………………………… 88
4.5 生物钯对胞内电子传递的影响 ……………………… 91
4.6 生物钯介导并加速胞内电子传递机制 ……………… 96
4.7 本章小结 ……………………………………………… 99

第五章 生物钯强化土霉素的胞外降解和脱毒机制研究 ……… 101

5.1 引言 …………………………………………………… 101
5.2 生物钯介导土霉素的催化降解 ……………………… 102
5.3 H_2/H^* 在 OTC 降解中的作用 ……………………… 110
5.4 生物钯对胞内电子传递、能量代谢和生物毒性的影响 ………………………………………………………… 112
5.5 生物钯介导土霉素的胞外生物降解 ………………… 118
5.6 OTC 降解路径分析 …………………………………… 128
5.7 生物钯纳米粒子的稳定性和 OTC 的可持续降解性 … 141
5.8 本章小结 ……………………………………………… 143

第六章 跨膜质子梯度对跨膜电子传递与能量代谢的调控机制研究 …………………………………………………… 145

6.1 引言 …………………………………………………… 145
6.2 胞外 pH 值对 bio-Pd@Cells 的 OTC 生物降解性能的影响 ………………………………………………………… 146
6.3 跨膜质子梯度对 bio-Pd@Cells 胞内生物代谢的影响 ………………………………………………………… 150
6.4 OTC 生物降解的能量代谢策略研究 ………………… 155
6.5 质子梯度对 OTC 胞外降解的调控机制 ……………… 158
6.6 复合物Ⅲ是 OTC 胞外降解的关键电子跨膜输出位点 … 161
6.7 NADH 依赖性的复合物Ⅰ是 OTC 胞外降解的主导电子入口 ……………………………………………… 164
6.8 质子梯度强化 OTC 生物降解的机理 ………………… 167
6.9 本章小结 ……………………………………………… 168

第七章　结论与展望 ·· 170
　7.1　结论 ··· 170
　7.2　创新点 ··· 172
　7.3　展望 ··· 173
参考文献 ·· 174
附录　主要符号表 ··· 217

第一章 引 言

1.1 环境中抗生素的危害及来源

在过去的50年,大量的抗生素被用于传染病治疗以及促进动物生长。对76个国家以及地区的抗生素消费水平的评估结果显示,从2000年到2015年,抗生素的全球使用量增加了约39%[1]。由于抗生素的肠道吸收较差且代谢不完全,50%~90%的抗生素会以母体化合物或代谢物的形式排出体外。并且,现有的污水处理技术无法对其进行完全清除,使其随出水释放进入环境[2-5],而环境中残留的抗生素能够诱导微生物产生耐药性。抗生素耐药性细菌一方面,能够在宿主细胞中不断繁殖,导致抗生素耐药性基因的富集和垂直基因转移;另一方面,可以通过整合子、转座子以及质粒等可移动遗传元件进行不同物种间的水平基因转移[6-8],最终通过食物链转移进入人体微生物组,导致胃肠道微生物定殖紊乱,并在肌体内部增殖迁移形成具有特异性的抗生素抗性模块[9],进而通过细胞保护机制、外排泵机制、生物酶的破坏机制等导致抗生素失活,使抗生素对病原体的功效丧失[10,11],从而造成人类"无药可用"的局面。预计到2050年全球将会有1 000万人/年由于抗生素耐药性问题而死亡。

细菌耐药性与抗生素使用量和残留水平有着较大的相关性。部分发展中国家对此类产品的使用和销售不加管控或者管控不够严格,且缺乏先进的治理流程,从而面临更严重的抗生素污染问题[12]。以中国为例,尽管国家卫生健康委员会已经下发了12个关于合理使用抗菌药物的相关文件,这还未包括相关的临床路径和疾病的诊疗指南。中国抗生素使用量和排放量清单显示[13]：2013年，我国的抗生素年消耗量高达16.2万t，并且兽用抗生素的使用量已超过人用抗生素，占到总使用量的52%。在36种常见抗生素中，兽用使用量占比高达84.3%，可见兽用抗生素的使用是目前环境中抗生素的主要来源。特别是，四环素类抗生素（Tetracyclines，TCs）作为饲料补充剂被无限制地使用以促进动物增长，其年生产量和年使用量分别达到9.7万t和5.4万t，远高于其他类别的抗生素。随着我国集约化养殖业的迅猛发展，抗生素的产量和使用量逐年上升，畜禽废水、水产养殖废水、制药废水等造成受纳水体的抗生素污染问题日趋突出，抗生素污染形势非常严峻。

除可能引起的抗生素残留风险外，抗生素废水（如养殖废水和制药废水等）中往往含有高浓度的氨氮。珠江三角洲地区的集约化养猪厂废水中氨氮浓度高达476 mg/L；蒲城正大集团金霉素生产废水的一级A/O进水中的氨氮浓度高达760 mg/L。传统的硝化反硝化生物处理工艺存在反硝化不彻底的问题，外排水中硝酸盐和亚硝酸盐含量偏高，容易导致水体富营养化的风险。2020年生态环境部制定了全国统一的《排污许可证》制度，实施总氮削减工程，将总氮指标纳入管控。但传统生化处理工艺在反硝化阶段碳氮比严重不足，导致反硝化效率较差，抗生素废水的出水总氮难以稳定达标。因此，有效提高抗生素的生物降解效率、解决生物处理反硝化效率低的瓶颈问题已迫在眉睫。

1.2 四环素类抗生素和硝酸盐在水生介质中的检出情况

1.2.1 四环素类抗生素在水生介质中的检出情况

TCs具有共同的基本母核（氢化骈四苯），因A环和D环上的官能团种类不同而呈现出不同光学特性和抗菌活性（图1-1），主要包括四环素（TC）、金霉素（CTC）、土霉素（OTC）和多西环素（DXC）等[14]，具体的理化性质如表1-1所示。

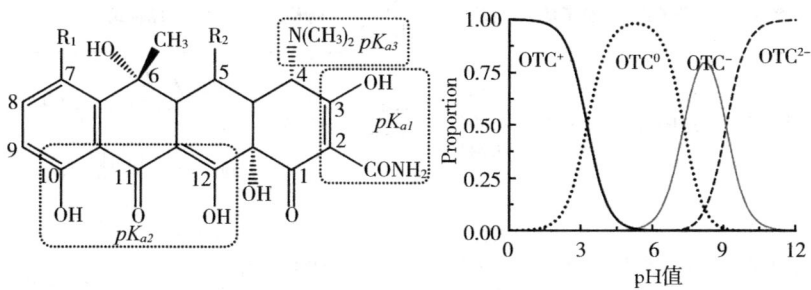

图1-1 四环素类抗生素的分子结构和OTC在不同pH值下的存在形式

TCs在水中的溶解度相对较高，231~603 mg/L，正辛醇-水分配系数极低（0.02~1.25），具有良好的亲水性。TCs是两性物质，其分子中的酚羟基和烯醇羟基是酸性的，而二甲氨基显碱性[15]。以OTC为例，具有三种不同的pK_a值：pK_{a1}（结合在C3位点的氧质子化）、pK_{a2}（结合在C10和C12位点的氧质子化）和pK_{a3}（在C4位点上二甲基官能团的质子化）分别为3.27、7.32和9.11。随pH值的增加，溶液中OTC携带的负电荷增强，由完全质子化阳离子向两性阳离子形式和阴离子形式逐渐转变[16]。此外，TCs可以与沉积物或污泥颗粒中的阳离子（如Ca^{2+}、Mg^{2+}和Cu^{2+}）通过阳离子交换、表面络合、桥接疏水分布和电子供体—受体相互作用等形成更稳定的三元复合物[17,18]，因此他们已经在多种水生介质中被检出。

表1-1 四环素类抗生素的理化性质

名称	分子式	分子量	pK_a	K_d/(L/kg)	$\log K_{ow}$	结构式
四环素	$C_{22}H_{24}N_2O_8$	444.4	3.32/7.58/9.58[a]	3 500~22 170	-1.25[b]	

（续表）

名称	分子式	分子量	pK_a	K_d/(L/kg)	logK_{ow}	结构式
土霉素	$C_{22}H_{24}N_2O_9$	460.4	3.22/7.46/9.54[a]	999~5 666	-1.12[b]	
金霉素	$C_{22}H_{23}ClN_2O_8$	478.9	3.33/7.55/9.33[a]	—	-0.62[b]	
多西环素	$C_{22}H_{24}N_2O_8$	444.4	3.02/7.97/9.15[a]	9 350~10 570	-0.02[a]	

[a] 数据来自 http://www.chemspider.com
[b] 数据来自参考文献[19]

  目前，全球大多数河流湖泊等地表水中均有四环素类抗生素的检出。在德国的塞纳河（ND①~21 ng/L）[20]、乌干达维多利亚湖[21]（2.7~70 ng/L）、越南某河流（ND~116 ng/L）[22]、波兰某河流（ND~388 ng/L）均存在 TCs 残留[23]。在巴西的河流中竟检测到了高达 110 000 ng/L 的 TCs[24]。在我国，10%~90%的抗生素被排放到河流中。在中国香港的河流水样中，检测到 TC 的最大残留浓度为 31.5 ng/L[25]；在洪湖、望阳河、北京的温榆河、通惠河以及河北的清河中 TC 的残留浓度分别高达 1 070~2 670 ng/L[26]、3 600 ng/L、9 500 ng/L、6 800 ng/L 和 8 860 ng/L[27,28]。作为我国重要的淡水资源，巢湖、滇池、白洋淀、洞庭湖和鄱阳湖中也有多种 TCs 被检出，残留浓度 4.0~48.7 ng/L[29-32]。由于地下水与地表基质的不断

---

① ND 表示未检出。

交换以及抗生素治理技术不完善，TCs 在地下水中和饮用水中也被检出。据报道，在华中江汉平原的地下水中 TCs 残留浓度范围为 1.10~9.51 ng/L[33]；在我国北部和西南部浅层地下水中检测到较高浓度的 TC（184 ng/L）、OTC（237 ng/L）和 CTC（8 ng/L）残留[34]。特别是，在北方农村养猪场附近的地下水样本中发现高达 19 900 ng/L 的 TC 残留[35]。而在我国长江下游饮用水源中检出了 TC（11.2 ng/L）、OTC（19.0 ng/L）和 DXC（56.1 ng/L)[36]。在淮河流域的饮用水源中也检测到较高浓度的 TC（68.6~632.0 ng/L）[37]。

总体来看，与发达国家相比，我国河流中 TCs 含量相对较高，这可能与抗生素广泛使用甚至滥用、监管不完善且不能被污水处理厂完全去除有关。而在一些发达地区，由于先进处理技术的加持，饮用水中并未发现抗生素。由此可见，先进高效的治理技术对于保证公共用水安全具有十分重要的意义[38]。

1.2.2 硝酸盐在水生介质中的污染情况

近几年，地表水硝酸盐污染问题已引起全球关注，在我国也日益突出。Zhang 等[39]为明确我国河流中硝酸盐的污染状况、来源及潜在的非致癌性健康风险，系统地收集了来自 30 个省 71 条主要河流的硝酸盐数据，分析了河流中硝酸盐浓度的空间分布，发现除淮河流域外，其他六大流域均存在硝酸盐污染情况。其中，松花江支流牡丹江的硝酸盐浓度达到 105.8 mg/L；上海长江口硝酸盐浓度极高且呈季节性波动，50.3~155.9 mg/L[40]；尽管珠江支流并未出现硝酸盐超标现象（2.16~14.00 mg/L），但其干流硝酸盐浓度超过标准 1.2%；辽河支流昭苏台河上游硝酸盐含量严重超标，达到 81.84 mg/L[41]；黄河支流渭河干渠的硝酸盐平均浓度为 45.38 mg/L，最高浓度为 68.64 mg/L[42]；海河流域的水质较差，硝酸盐平均浓度较高（66 mg/L），最高为 309.7 mg/L，超标率达到了 16%[43]。由于地下水与表层水体的不断交换，渗入地下水的硝酸盐严重污染了地下水水质，对人类的用水安全造成了威胁。Zhai 等[44]对 2015 年中国除澳门以外的33个省级行政区地下水硝酸盐污染水平进行分析,发现我国地下水中硝酸盐的平均浓度为 10.48 mg/L,最大值为 179.1 mg/L,超标 27.4%(10 mg/L)。此外,研究显示,全国 80% 的地区存在硝酸盐非致癌风险。其中,上海、北京、黑龙江和陕西等省(市)地区河水中的硝酸盐浓度超过 90 mg/L,地下水中硝酸盐浓度高达 10 mg/L 以上,为潜在中度非致癌风险区域[45]。

综上所述,抗生素和硝酸盐在环境中的积累已经严重影响到了公共卫生安全。随着规模化养殖成为主流,抗生素的生产和使用逐年上升,抗生素废水带来的抗生素污染以及反硝化不彻底造成水体富营养化等环境问题日益突出。以提高生物处理过程中的反硝化效率和抗生素生物降解为需求导向,研发针对反硝化与抗生素降解的生物强化治理技术十分必要。

1.3 抗生素生物降解技术的局限性

除自然水解和光解外,TCs 能够通过光催化降解、高级氧化降解和膜技术等物化过程和依赖于植物和微生物代谢的生物过程被降解。相比于非生物处理技术,生物降解是一种利用微生物体内的高效的酶促反应来降解污染物的经济有效的方法,具有成本低、操作简单、环境友好等潜在优势,依然是目前污水处理厂的主流处理工艺。

尽管生物处理工艺能够通过物理吸附、化学反应和酶促降解对抗生素进行一定的去除[46,47],但 TCs 具有复杂的化学结构,在环境中稳定且难以氧化,其外延和脱水产物具有较低的亨利常数($3.91\times10^{-26} \sim 3.45\times10^{-24}$ atm^3/mol)[48],可降解性较差,因此很难实现完全降解,或者达到完全降解需要很长的反应时间[49]。并且,TCs 的 K_d 值为 999~22 170 L/kg,远高于其他类型的抗生素[6]。因此,在实际的污水处理系统中,多数 TCs 是通过静电作用、疏水作用、与环境物质形成配合物或螯合物等生物吸附作用实现了从水相到污泥相的转移;而微生物降解的贡献较小甚至不存在生物降解过程[6,50]。Prado 等[51]发现了利用活性污泥系统去除的四环素多数源于活性污泥的生物吸附作用。Chen 等[52]构建了厌氧/好氧移动床生物膜反应器系统，研究了废水中抗生素的处理效率，当在反应器系统中加入 50 μg/L 混合 TCs 时，CTC、TC 和 OTC 的去除效率分别仅为 52.03%、41.79%和 38.42%。

尽管已经有研究者尝试从环境中分离出抗生素优势降解菌，但是已报道的能够高效降解 TCs 纯培养物非常有限，并且对相关的降解产物和生物转化途径知之甚少。目前从环境中分离得到的能够降解 TCs 的细菌主要包括 *Trichosporon mycotoxinivorans* XPY-10、*Klebsiella* sp. TTC-1、*Arthrobacter nicotianae* OTC-16、*Pandoraea* sp. XY-2、*Klebsiella* sp. SQY5、*Sphingobacterium changzhouense* TC931 和 *Stenotrophomonas maltophilia* DT1，其抗生素的最大去除效率能够达到 78.28%~95.54%[53-59]。基因组学分析结果显示：在单加氧酶、双加氧酶、脱氢酶、过氧化物酶催化作用下，OTC 和 TC 经脱甲基、水解开环、脱羧基、脱氨基和羟基化反应被转化为具有更低生物毒性的小分子副产物，并且抗性基因 *tetB* 和 *tetW* 的相对丰度也有效降低[54,55]。除此之外，Tan 等[57]发现 TCs 能通过 C7 和 C8 之间不饱和双键的断裂以及稳定苯环的开环水解进行降解。此外，黄酮类蛋白 TetX 及其非同源蛋白 Tet37 被证明能够在好氧条件下催化四环素的 NADH 和 NADPH 依赖性转化[60-62]。一些与 TetX 结构相似的黄素蛋白也能通过切割四环素的 A 环催化四环素的降解[63,64]。

Leng 等[65]和 Al-Dhabi 等[66]通过基因组分析和蛋白质组学分析证明了超氧化物歧化酶、锰过氧化物酶以及蛋白外排泵在 TC 的生物转化中扮演着举足轻重的角色。随后，漆酶和锰过氧化物酶等木质素分解酶被证明能够通过脱羟基、去甲基化以及 A 环和 C 环的氧化作用降解四环素[67,68]。研究表明：DXC 和 CTC 能够在 15 min 内被漆酶完全降解，而 TC 和 CTC 在 1 h 后实现完全去除，并且 OTC 能够被降解为小分子的 2-乙酰基-2-脱甲酰胺基-土霉素，有效降低四环素的生态毒性[69,70]。利用 *Phanerochaete chrysosporium* 产生的粗木质素过氧化物酶（40 U/L）对 50 mg/L 的 TC 和 OTC 进行体外降解实验，5 min 的降解效率可达 95%[68]。Yang 等[71]发现 25℃下磁性交联固定漆酶能够在 48 h 内将 100 mg/L 的 TC 完全去除。

综上所述，尽管纯培养的优势功能菌对 TCs 的生物降解效率明显提高，但是其驯化培养周期较长，单一微生物的矿化水平不高，且降解性能易受到共存基质以及污染物的生物毒性的影响。再者，由于非导电细胞组分对电子传递速率的限制，污染物的跨膜传质限制以及胞内污染物的生物毒性引起的反应动力学限制，纯培养微生物的生物降解过程远低于离体的酶促降解效率，即缓慢的传质效率和电子传递效率严重阻碍了高效酶促反应的进行，因此提高微生物的电子传递效率、诱导有毒害污染物的胞外代谢能够有效克服上述限制。此外，生物法在处理抗生素污染时，随着四环素降解菌的富集，容易增强抗性基因传播的风险。而污染物的胞外降解能有效地降低微生物对污染物的胞内摄入量，从而能够有效地降低抗性基因的传播风险。同时，提高微生物的电子传递效率，增大胞内电子通量，有效促进微生物的胞内碳代谢和氮代谢活性，从而强化原有生物系统的脱氮效率。因此，提高微生物的电子传递效率并加强污染物的胞内和胞外代谢有望从根本上解决目前生物处理过程中反硝化以及抗生素降解的瓶颈。

1.4 纳米粒子加快微生物代谢研究

纳米粒子广泛存在于地下水、土壤、火山灰、冰川、冻土、乳化、河道、河口和海洋环境等自然系统中[72,73]，并且地球上纳米粒子和微生物的分布丰度很高，且在环境中的分布重叠度极大[74,75]，这不可避免地引发了人们对两者之间可能的相互作用以及这种相互作用对元素的生物地球化学以及微生物生理学、进化和生态学的影响的思考。与较大的矿物颗粒或微米粒子相比，由于具有纳米尺度效应，比如极大的比表面积、尺寸依赖溶解度、高表面能量、高表面缺陷和应变密度、广泛的原子结构顺序（即晶体性）以及自诱导相变和形态变化的高趋势，纳米粒子反应活性更大，生物利用度更高，柔性可塑性更强[72,76]。

最近的研究表明，自然界中纳米粒子的存在对单个细胞甚至整个微生物群落的代谢可能发挥着极大的积极作用。微生物能量代谢的一个关键原则是将电子从作为电子供体的化学物质转移到另一个充当电子受体的物质上[77]。当微生物生活在微米厚的生物膜中，对某些化学物质的可及性有限或者当电子供体和受体在空间上分离时，电子的快速转移就面临着挑战。而部分微生物能够利用导电或半导电纳米粒子（如磁铁矿、赤铁矿、石墨和麦基纳维特）作为功能性的"纳米工具"，以帮助电子转移[78]。Jiang等[79]发现电子从细胞到细胞或细胞到宏粒子的转移可以通过纳米粒子直接接触或可溶性有机介质间接传输得以实现。Hu等[80]发现在细菌培养物中添加导电纳米粒子既可增加生物膜厚度，又可使整个生物膜层保持更大的生物活性。虽然导电宏粒子也有助于电子转移，但效率可能较低，因为只有纳米粒子才能在生物膜的空间内形成密集的电导管[81,82]。有初步证据表明，由于极小的纳米粒子（<10 nm）具有通过细胞膜的特殊能力，甚至可以促进微生物的覆膜和胞内空间的电子转移[83,84]。

纳米粒子还可以调节物种之间的电子转移，导致代谢通路耦合[85,86]。纳米粒子辅助电子转移对通过细菌和古菌种间互营作用的甲烷生产尤为重要。理论计算表明，纳米粒子介导下的物种间电子通量约为利用可扩散的氢气分子的10^6倍[87]。与该结果一致，一些学者发现将导电纳米粒子添加到从稻田土壤、厌氧消化池以及湖泊和沿海沉积物中富集的产甲烷微生物群落中时，甲烷的产生率提高0.3~4倍[88-91]。特别地，Rotaru等[88]发现，只有在导电纳米粒子存在时，甲烷的生成是可持续的，并且*Geobacter*和*Methanosarcina*

是纳米粒子辅助甲烷生成的主要驱动力。

另一个引人注目的例子是非光合细菌能够利用表面结合的光敏性纳米粒子从可见光中收集电子。Sakimoto 等[92]证明在硫化镉（CdS）纳米粒子的存在下，非光合细菌 *Moorella thermoacetica* 可以利用可见光中的电子驱动 CO_2 固定形成乙酸。基于类似的理论，Wang 等[93]也发现当大肠埃希氏菌-CdS 复合物暴露于可见光下时，发酵产氢速率显著提高。最近的一系列研究进一步探索了将光敏纳米粒子与微生物细胞或细胞成分杂交以进行人工光合作用的想法。

此外，由于纳米材料尺寸效应，使其具有高度的重现性和单分散性，是引起生物毒性的新的潜在因素。微生物细胞的内部结构是纳米尺度，生物过程大部分也是在纳米尺度上发生，因此在分子水平上，外源性纳米物质与生物体系之间存在一定程度上的相互作用[94,95]。除纳米粒子与生物细胞之间的直接物理接触破坏外[96,97]，基于能带理论，相关研究者剖析了纳米颗粒对细胞的体外毒性机制，并提出当工程纳米粒子（即金属氧化物、银、金、量子点和碳基纳米粒子）的电子能带和细胞的氧化还原电势相交叠时，细胞和纳米颗粒间可进行电荷传递，最终引发与活性氧物种相关的氧化应激效应产生细胞毒性[98-101]；并且由于小颗粒的内在化对细胞毒性起着主要作用，抗菌活性与尺寸大小成反比[102-104]。此外，一些学者发现金属离子溶出是金属氧化物引起细胞生物毒性的一个不可忽视的因素[105-107]，其在零价铁纳米粒子、银纳米颗粒以及金属硫化物的细胞毒性机制中也被证实，但是对于具体的内在化作用机制需要进一步探讨[108,109]。由此可见，在纳米技术迅速推广的应用前景下，开发高生物相容性和低毒性效应的纳米粒子对纳米技术的真正应用具有十分重要的意义。

1.5 生物纳米粒子研究现状

在最近几年的研究中，研究者发现一些植物、细菌、真菌能够将有毒的金属离子转化为毒性较低的元素形式，从而产生具有纳米结构或无确定形状或尺寸的沉积物，已被视为纳米材料生产的一种生态友好的"绿色合成"方法[110-112]。相比于物理化学合成法，生物合成法无须高温高压、无须大量的强还原剂、反应条件温和、合成过程简单，且不会造成二次污染。并且由于具有较高的比表面能和较小的粒子悬浮距离，化学合成的纳米粒子极不稳定，为达到最稳定的热力学状态往往会发生团聚效应。而生物纳米粒子的表面通过静电作用包裹了一层由生物大分子和微生物次级代谢产物组成的有机壳层（如黄酮类化合物、萜类化合物、生物碱、糖苷、多糖、脂肪酸以及多元醇等）[113-115]，使其具备了较高的热力学稳定性，表现出良好的分散性能、高生物相容性、高柔性、高催化活性和低毒性、低光腐蚀、低团聚效应[116-118]。

自然界中的细菌无处不在，且易获得易培养，从而成为纳米粒子合成的理想候选者。通过简单地调控微生物的培养条件（如温度和充氧等）便可根据需求合成不同尺寸的纳米粒子，因此通过细菌合成金属纳米颗粒已被证明是一种有前途的方法。目前利用不同的细菌合成的生物纳米粒子主要包括单金属纳米粒子（Ag、Au、Pt、Pd、Rh、Se、Te）[119-121]、双金属纳米粒子（Pd/Cu、Pd/Ni、Pd/Fe）[124-125]、金属氧化物（Fe_2O_3、ZnO、MnO_2 和 PdO）[126]、硫化物（FeS、CdS 和 ZnS）[82,127,128] 和硒化物（CdSe）量子点[94]。1988 年，Lloyd[129] 等利用 *Desulfovibrio desulfuricans* 以甲酸或 H_2 作为电子供体在氮气氛围下首次通过生物作用合成了 Pd^0。之后，研究者利用 *Desulfovibrio desulfuricans* 和 *Shewanella* sp. 对废水中贵金属 Pd（Ⅱ）、Pt（Ⅳ）和 Rh（Ⅲ）进行生物回收，24 h 的回收率高达 90%~100%[130,131]；并且其他电子受体（即 O_2 和 NO_3^-）的存在不会对金属的回收效率产生抑制效应[132,133]。Lee 等[134] 通过改变溶解氧的含量和反应温度利用 *Shewanella* sp. HN-41 合成了不同尺寸的 Se^0，并且加入 80% 的二甲基亚砜溶液可以合成 Se^0 纳米线和纳米带。一些细菌（*Ralstonia pickettii* sp.、*Hryptococcu shumi-*

cola、Xanthomonas campestris、Bacillus cereus 和 Streptomyces sp.）在适当的环境温度条件下在含铁培养基中生长，能够在细胞壁、细胞内以及细胞外合成 Fe_2O_3 纳米颗粒，而不会破坏细菌细胞结构，并且纳米粒子的粒径和形貌因微生物和铁前体初始浓度的不同而不同[135-138]。此外，Lee 等[139]和 Luo 等[140]发现 Shewanella sp. HN-41 能够以羟基氧化铁和赤铁矿为电子供体，通过生物作用将其氧化为超顺磁性的磁铁矿纳米颗粒，并结合分子结构模拟和计算从分子水平上阐明了该过程的内在机理；Lee 等[141]研究了钙粒子和磷酸盐对 Shewanella putrefaciens CN32 利用 U（Ⅱ）合成高稳定性 UO_2 纳米颗粒的影响机制。此外，希瓦氏菌还被用于在好氧条件下合成锰氧化物，且生物氧化能力因菌种而异[142]。另外，希瓦氏菌和硫酸盐还原菌能够利用厌氧呼吸还原 SO_3^{2-} 和 $S_2O_3^{2-}$ 产生的 H_2S 与金属氧化物或氢氧化物发生生物沉积形成金属硫化物，实现纳米尺度上有价值金属的资源回收。例如，利用不同的 Shewanella 菌株能够成功合成 Ag_2S 纳米颗粒[143,144]、FeS 纳米颗粒[145]、具有极强的光稳定性的 CuS 纳米颗粒[128,146]、具有优异光催化性能的 ZnS 纳米晶[147,148]以及具有光敏性的 AsS 纳米管[149,150]。并且研究发现纳米材料的合成速率、尺寸以及沉积位点等与细菌的生长情况密切相关，而且外膜蛋白对纳米颗粒的合成以及稳定起到了关键作用[143,149]。此外，还有的微生物能够以多种有毒重金属以及放射性核素作为电子受体，因此还被用于合成复合金属纳米颗粒，通过协同作用能发挥不同单金属纳米颗粒的优势，使效果最大化。Klonowska 等[151]发现利用 Shewanella oneidensis MR-1 能够同时合成 Se^0 和 Te^0，但是由于不同电子受体的电子传递通道差异两种纳米颗粒合成的位置不同，Te 分布在胞内而 Se 分布在胞外；Tian 等[152]利用 Shewanella oneidensis MR-1 对 Cd（Ⅱ）和 SeO 的电子传递通道差异，通过基因工程的手段控制 CymA 基因的表达，从而在细胞质合成了高纯度的 CdSe 纳米颗粒。

1.6 生物纳米粒子对微生物电子传递的影响

1.6.1 胞外电子传递机制

在生物合成金属纳米颗粒的过程中，势必会涉及微生物的胞外电子传递（Extracellular electron transfer，EET）。电子转移反应是许多生物过程的核心，尤其是在呼吸过程中，微生物能够通过一系列氧化还原反应将胞内产生的电子转移到硝酸盐、氧气和硫酸盐等胞内电子受体。但是当末端电子受体是不可溶的固体，或者由于空间位阻效应无法进入细胞内时，部分微生物可以将细胞内有机物氧化产生的电子传递到胞外，它允许微生物的胞内代谢和外部固体材料（即电极或矿物质）之间进行电子转移，也就是 EET。EET 的概念最早是在 20 世纪初期被提出的，当时 Potter[153] 和 Cohen[154] 发现从微生物培养物中可以获取电能，19 世纪 60 年代，美国宇航局研究了在太空飞行中回收人类排泄物用以发电的可能性，该计划进一步激发了研究人员对 EET 机制的兴趣。迄今为止，已经有越来越多的胞外呼吸菌从各种环境介质中被分离出来，其中革兰氏阳性菌只有 10 余种。表 12 总结了典型胞外呼吸菌胞外电子传递过程中的关键组成部分。相比较而言，对革兰氏阴性菌尤其是模式菌株 *Shewanella* 和 *Geobacter* 的胞外电子传递机制的研究更为深入，而对其他阴性菌以及革兰氏阳性菌的研究，特别是从基因层面进行功能定位的研究较为缺乏。

如图 1-2 和表 1-2 所示，研究者已经提出了两种主要的胞外电子传递机制：①直接电子传递（Direct electron transfer，DET）：指由于微生物细胞壁膜外表面上的氧化还原活性蛋白（例如，细胞色素、黄素蛋白或多铜蛋白）或细胞附属物（例如，纳米线、鞭毛）的存在，只要细胞与电极或者其他电子受体表面直接密切接触，无须任何可扩散的氧化还原化合物的参与，便可在细胞与电

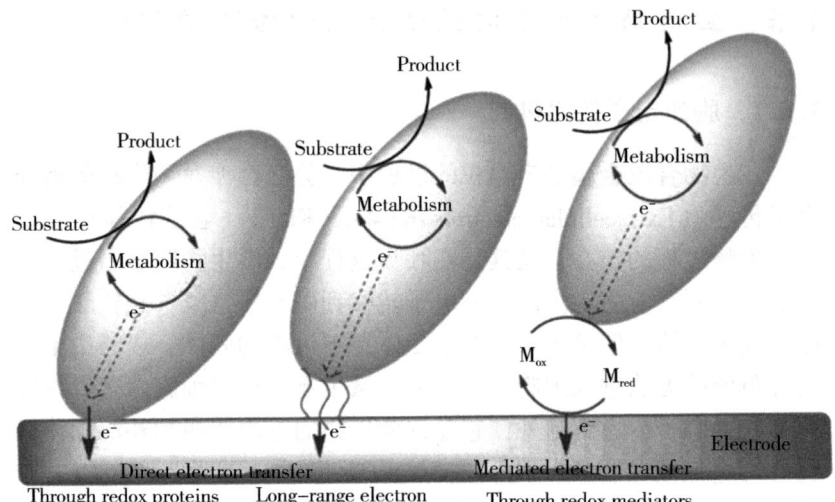

图1-2 胞外电子传递机制示意图[155]

极或者胞外受体之间实现直接甚至远距离电子传递的方式[156-158]，因此其电子传递效率受到最大细胞密度的限制。②间接电子传递（Mediated electron transfer，MET）：通过外源添加的人工介质（例如，腐植酸、磷脂聚合物、中性红、蒽醌-2,6-二磺酸盐（AQDS））[159-161]或以微生物自身分泌的初级/次级代谢产物作为内生电子穿梭体（包括发酵细菌产生的H_2、硫酸盐还原菌产生的H_2S、铜绿假单胞菌产生的吩嗪、希瓦氏菌产生的黄素类和乳酸乳球菌产生的醌类）[162-164]等多种方式将胞内产生的电子"穿梭"运送到胞外与细胞非直接接触的终端电子受体。电子穿梭体介导的电子传递过程遵循质子耦合电子传递反应机理（PCET）[165]，由电子传递和质子化反应两个连续或交替的基元反应过程组成。不同结构的氧化还原媒介分子可以调控电子传递的路径，并降低电子传递过程中能量损失，有效提高电能输出[166]。利用氧化还原媒介可以解决部分酶的活性中心无法与电极之间接触的问题,降低过电势,加速电子传递,并获得电极与酶活性中心之间的平衡。

表 1-2 胞外呼吸菌及参与胞外电子传递的关键组分

$G^{+/-}$	胞外呼吸菌	直接电子传递	间接电子传递
G-	Shewanella oneidensis MR-1	胞外电子输出:CymA-STC-Fcc3-OmcA-MtrABC/MtrDEF/DmsEFAB 胞外电子摄入:CymA-STC-Fcc3-OmcA-MtrABC[167,168] PilD 纳米线:通过表面的 MtrC 和 OmcA 进行多级电子跃迁[169,170]	电子介体:核黄素(Riboflavin, RF)、黄素单核苷酸(Flavin mononucleotide, FMN) 辅因子: FMN-OmcA,MtrC, RF-OmcA,MtrC
G-	Shewanella loihica PV-4	胞外电子输出:CymA-MtrAB-MtrC/OmcA、PrsABC	电子介体:RF、FMN、HS^-/H_2S[171]
G-	Geobacter sulfurreducens	胞外电子输出:多血红素细胞色素 c:CbcL、ImcH、PpcA/D[172,173] 外膜蛋白 OmaB-OmbB-OmcB、OmaC-OmbC-OmcC[174] Pili 菌毛:类金属导电、多步跃迁[79,175] 胞外电子摄入:PccH[176]	辅因子: OmcZ-RF[176]
G-	Escherichia coli	OMCs、NADH-泛醌还原酶[177]	电子介体:氢醌、黄素
G-	Geobacter uraniireducens	—	电子介体:黄素 辅因子:RF-Cyts
G-	Desulfovibrio desulfuricans	Cyts c3,铁氧化还原蛋白[178]	
G-	Pseudomonas chlororaphis PCL1391	—	电子介体:吩嗪-1-羧酸、吩嗪-1-甲酰胺和绿脓菌素[179]
G-	Sideroxydans lithotrophicus	胞外电子摄入:MtoBAD-CymA/Cytbd1/Cytbb3[180,181]	
G-	Rhodopseudomonas palustris TIE-1	胞外电子摄入:PioABC[182]	
G-	Acidithiobacillus ferrooxidans	胞外电子摄入:Cyc2-Cyc1/CycA1-Cytbc1/Cytaa3[183]	

（续表）

$G^{+/-}$	胞外呼吸菌	直接电子传递	间接电子传递
G^-	Comamonas testosteroni	双向电子传递[184]	—
G^-	Anoxybacter fermentans	—	电子介体:黄素、甲喹酮、吲哚[185]
G^+	Thermincola potens strain JR	TherJR_1117,TherJR_0333,TherJR_1122,TherJR_2595[186]	—
G^+	Listeria monocytogenes	Ndh2、DMK、EetAB、FrdA、PplA[155]	电子介体:黄素腺嘌呤二核苷酸(Flavin adenine dinucleotide,FAD) 辅因子: FMN-PplA、FAD-FrdA[187]
G^+	Enterococcus faecalis	Ndh3-EetAB、DMK[188]	
G^+	Propionibacterium freudenreichii Et-3	—	电子介体:1,4-二羟基-2-萘甲酸[189]
G^+	Bacillus subtilis	cyt c、cyt bc1、cyt aa3[190]	
G^+	Clostridium acetobutylicum	—	电子介体:RF、FAD、FMN[191]
G^+	Lysinibacillus varians GY32	Cyts:T479_RS14495、T479_RS06030、T479_RS08690、T479_RS20980 Ⅳ型菌毛 ComGD:T479_RS14015[192]	—
G^+	Carboxydothermus ferrireducens	Cyts 和菌毛[193]	—

此外，微生物的胞外电子传递途径与细菌的细胞结构紧密相关。革兰氏阳性菌（G^+）和革兰氏阴性菌（G^-）的细胞壁和细胞膜结构差异巨大，因此他们的胞外电子传递途径也存在显著的不同。

1.6.1.1 革兰氏阴性菌的胞外电子传递机制

如图1-3所示，革兰氏阴性菌在细胞质膜外还含有一层外膜，它们被细胞周质空间和肽聚糖层隔开。对于革兰氏阴性菌的胞外电子传递，从 NADH 到细胞外电子受体的电子流必须穿过内膜、周质空间与外膜。

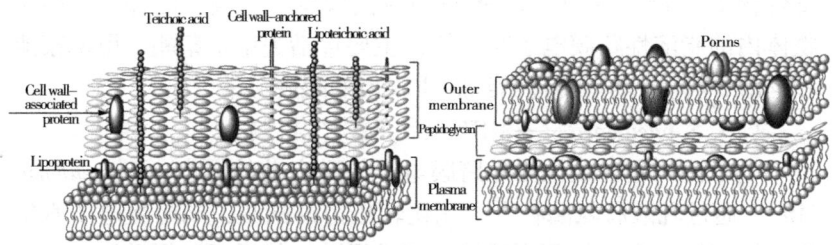

图 1-3　革兰氏阳性菌和革兰氏阴性菌的细胞壁膜结构[155,194]

革兰氏阴性嗜温细菌是研究最多的一类电活性生物，大部分 EET 机制的知识仅限于模式生物 *G. sulfurreducens* 和 *Shewanella oneidensis* MR-1（图 1-4）。在微生物的代谢过程中，有机底物（如乙酸盐）胞内氧化产生的 NADH 作为电子载体在内膜上被 NADH-泛

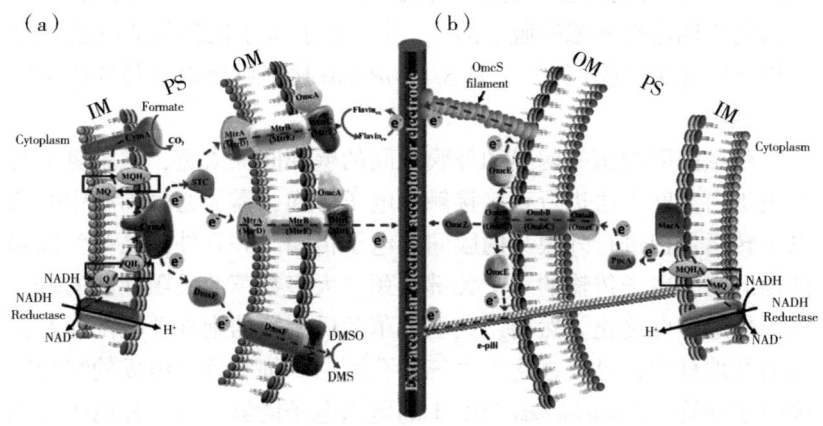

图 1-4　典型革兰氏阴性菌的胞外电子传递机制
〔(a)：希瓦氏菌；(b)：地杆菌〕[195]

醌脱氢酶（又称复合物Ⅰ）氧化，同时质子跨膜泵出，在内膜两侧产生质子梯度，用于驱动 ATP 的合成和代谢物质的跨膜转运[196]。同时，NADH 氧化产生电子按照电势由低到高依次传递给复合物Ⅰ的 FMN 辅基、Fe-S 簇以及内膜醌（一类广泛存在于微生物体内的脂溶性跨膜电子穿梭体，主要包括去甲基萘醌、甲基萘醌和泛醌 3 种），然后传递给细胞质膜上的醌脱氢酶[195]。

（1）*S. oneidensis*——MET 主导的 EET 机制

电子流入醌池被认为是跨膜电子传递启动的标志。*S. oneidensis* MR-1 通过乳酸脱氢酶将乳酸氧化转化为丙酮酸，同时将电子直接转移到醌池；生成的丙酮酸被水解成甲酸，然后通过甲酸脱氢酶将电子转移到醌库[196]。因此，人们普遍认为 NADH 不是希瓦氏菌的无氧呼吸所必需的。但最近的研究证实，丙酮酸可以被与 NAD^+ 连接的丙酮酸脱氢酶进一步氧化为乙酰辅酶 A 和 NADH。最终，NADH 通过 NADH 脱氢酶 Nuo 和 Nqr1 将电子注入醌池进行无氧呼吸[197]。*S. oneidensis* 能够使用甲基萘醌和泛醌将电子分别从甲酸和 NADH 传递给内膜上的四血红素醌醇脱氢酶 CymA（一种附在内膜上的周质四血红素醌醇脱氢酶），其在电子从醌池到周质细胞色素的传递中起关键作用[168]，是 *S. oneidensis* 厌氧呼吸电子传递体系的中心枢纽。

革兰氏阴性菌的内膜和外膜之间的壁膜间隙太宽，醌脱氢酶与外膜蛋白之间无法进行直接接触的电子传递，需要通过周质中的载电子转运蛋白进行外膜与内膜间的电子传输。并且外膜是革兰氏阴性菌的跨膜电子传输的一个关键瓶颈，大多数革兰氏阴性菌的跨膜电子传递在此终止。然而，典型的革兰氏阴性的胞外呼吸菌如希瓦氏菌和地杆菌，已经进化出由三元孔蛋白—细胞色素组成的特殊跨膜电子导管。*S. oneidensis* MR-1 的胞内电子能够通过 3 种电子管道（MtrABC、MtrDEF 和 DmsEFAB）穿过外膜[168]，其中，MtrABC 通路是 *S. oneidensis* 实现 EET 的最主要跨膜电子管道，*mtrD* 和 *dmsE*、*mtrE* 和 *dmsF* 以及 *omcA* 和 *mtrF* 分别是 *mtrA*、*mtrB* 和 *mtrC*

的同源基因，基因的相似性决定这些同源蛋白在功能上具有一定的重合性和替代性[168,198]。CymA 是希瓦氏菌中电子由胞内传递进入跨膜电子通道的入口点。有机底物代谢过程中产生的电子首先传递给内膜上的 CymA，然后周质中的四血细胞色素（CctA）和延胡索酸还原酶（FccA）能够充当电子转运蛋白将电子传递给位于细胞外膜内侧的细胞色素 MtrA[199,200]。MtrA 可以结合在外膜上或游离在周质空间，在 CymA 和镶嵌在外膜上的 MtrB 之间往返扩散、传递电子，并将电子转移给与 MtrB 相连接位于外膜外侧的 MtrC，从而实现了胞内电子的跨膜转移。最近的一项研究表明，细胞表面极化率与微生物 EET 密切相关，并且 EET 途径的添加可能会增强细胞表面极化率和电化学活性[201]。因此，增加跨膜电子通路的数量可以显著提高 S. oneidensis MR-1 的 EET 效率，也成为新的研究热点。

外膜 MtrC/OmcA 复合物可以通过直接接触或由电子介质介导的间接接触向细胞外受体释放电子[162]。除以游离形式存在外，黄素还可以作为细胞色素结合辅因子与外膜细胞色素结合，以促进通过半醌的单电子氧化还原反应，从而导致比游离黄素快 3~5 个数量级的反应速率[165,202]。*Shewanella* 在厌氧条件下很难在电极表面形成致密的生物膜，因此由黄素介导的间接电子传递在 *Shewanella* 的 EET 中起主导作用，增强黄素的合成和分泌可以显著提高 *S. oneidensis* 的电化学效率。曾有报道称 *S. oneidensis* 具有用于长距离 EET 的导电细菌纳米线。然而，最近的结果表明，这些导电菌毛样结构并不是附着有 MtrC/OmcA 的菌毛，而是由一系列细胞色素相互连接形成的外膜囊泡链[203,204]。

（2）*G. sulfurreducens*——DET 主导的 EET 机制

G. sulfurreducens 是一种革兰氏阴性专性厌氧 δ-变形杆菌，由于其优异的 EET 性能，也是胞外电子传递机制研究中的一种模型菌株。在厌氧代谢中，*G. sulfurreducens* 氧化醋酸盐以产生 CO_2 和 NADH，在甲基萘醌的介导下电子从 NADH 传递到与内膜相关的细

胞色素 MacA，其功能与 CymA 相似[205]。与希瓦氏菌类似，G. sulfurreducens 的跨膜电子传递过程中也存在多个平行的电子转移途径。PpcA 家族是电子跨周质空间转移的中间载体，在 G. sulfurreducens 的多种跨外膜电子传递中，OmaB-OmbB-OmcB 和 OmaC-OmbC-OmcC 复合物是两种主要的跨膜传递导管，由两种细胞色素和一种孔蛋白组成[79]。平行电子转移途径共存显著地增强了 EET 在 S. oneidensis 和 G. sulfurreducens 无氧呼吸中的可靠性，但同时也增加了额外的能耗，从而限制了其应用[206]。因此，确定 G. sulfurreducens 中 EET 的最低要求并简化冗余 EET 途径可能是进一步提高其电化学性能的有效方法。

不同于 Shewanella，G. sulfurreducens 不能分泌氧化还原介质，因此，最终的胞外电子释放只能通过直接胞外电子传递发生。除与跨膜电子导管结合的外膜细胞色素外，G. sulfurreducens 细胞外表面还具有许多结合松散的多血红素 c 型细胞色素，负责不同的终端电子释放。例如，OmcZ 负责生物电化学系统中的电极呼吸[207]，三血红素 c 型细胞色素 PgcA 则服务于 G. sulfurreducens 对 Fe（Ⅲ）氧化物的细胞外还原[208]。此外，G. sulfurreducens 还可以通过 PilA 菌毛蛋白单体与 PilA 细丝表面结合的六血红素细胞色素 OmcS 组装形成Ⅳ型 e-pili 菌毛，实现不依赖细胞色素的直接远距离 EET，其上芳香族氨基酸 π-π 轨道重叠，具有类金属导电性[209]。最近的一项研究表明，细胞色素 OmcS 还可以聚合自组装形成另一种长达几微米的导电蛋白质纳米线完成长距离 EET[210]。

革兰氏阴性胞外呼吸菌的外膜复合物一般是双向的，即通过外膜复合物微生物它既可以释放也可以接受电子。S. oneidensis MR-1 被证明可以接受来自电极的电子，用于富马酸盐的细胞内还原。但是细胞色素在 G. sulfurreducens 的反向 EET 中并不重要，表明非血红素介导的 EET 过程的存在。Shewanella 和 Geobacter 中的跨膜电子导管都是三元孔蛋白—细胞色素复合物，但是在一些金属氧化革兰氏阴性菌中（例如，Sideroxydans lithotrophicus ES-1 和 Rhodopseudo-

monas palustris TIE-1），使用由跨膜蛋白和单个周质细胞色素 c 组成的二元孔蛋白—细胞色素复合物能够跨外膜摄取细胞外的电子。这些二元复合物结构更简单更稳定，电子转移距离更短，能够有效地将电子转移到外膜。另外，其他革兰氏阴性胞外呼吸菌，如大肠杆菌和铜绿假单胞菌，也可以分泌电子介体来增强 EET[211,212]，但是在这些细菌中没有发现跨膜电子管道，表明氧化介质不能从细胞外获得电子，只能穿过外膜在周质或内膜的外表面上被重新还原[179]。鉴于强极性有机物难以穿过细胞膜，内源性或外源性的小分子量、低极性介质能穿透外膜，有可能实现由细胞膜向细胞外电子受体的跨膜电子转移，这一特性将极大地扩展革兰氏阴性菌在生物电化学系统中的应用[212]。

1.6.1.2 革兰氏阳性菌的胞外电子传递机制

与革兰氏阴性菌相反，革兰氏阳性菌没有富含各种电子传递蛋白的外膜结构（图 1-3），含有一个由肽聚糖和磷壁酸组成的厚细胞壁层（20~80 nm），有时外面还会包裹着一层糖蛋白层，这些组分都极大地增加了微生物的电子输出阻力[155,213]。因此，在很长的一段时间里人们认为革兰氏阳性菌是电化学惰性的，难以进行胞外电子传递过程。最早被分离出的电活性革兰氏阳性菌的纯培养物是 *Clostridium butyricum*、*Desulfitobacterium hafniense* 和 *Lactococcus lactis*[194]，他们可以通过自身或其他生物体分泌的电子穿梭体进行间接电子转移。但后续的报道指出革兰氏阳性菌中也存在直接电子传递，近十年来，越来越多的革兰氏阳性菌被发现具有 EET 能力，已鉴定出 10 多种具有电活性的革兰氏阳性菌，但它们的生物电化学效率低于典型的革兰氏阴性菌[194]。由于革兰氏阳性菌与革兰氏阴性菌具有不同的细胞壁结构，他们的 EET 机制显著不同。*Thermincola* 和 *Listeria* 是两种具有代表性的革兰氏阳性胞外呼吸菌。其 EET 过程如图 1-5 所示。

Thermincola 是典型的革兰氏阳性胞外呼吸菌，无须添加可溶

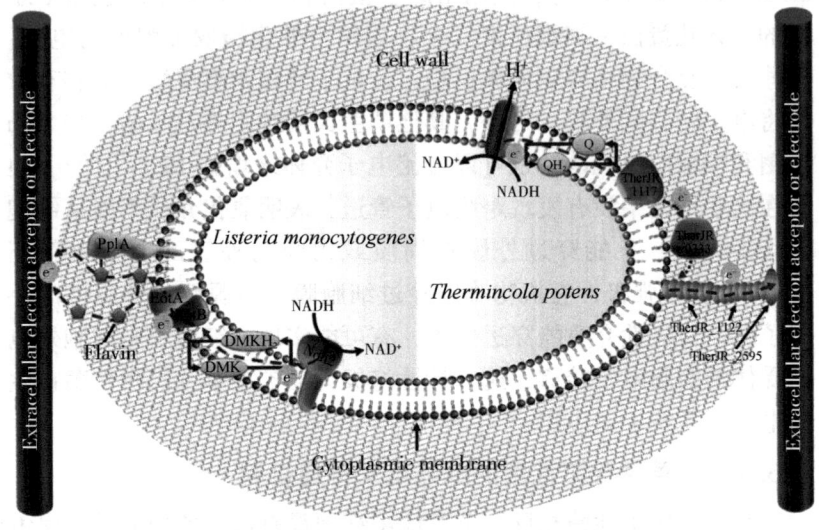

图 1-5 典型革兰氏阳性菌的胞外电子传递机制[195]

性电子介体，能够直接利用细胞外不溶性电子受体或电极进行无氧呼吸[214]。*Thermincola ferriaceta* 可以利用氧化乙酸产生的电子通过 NADH 脱氢酶进行跨膜转移。通过醌池运输后，电子被转移到醌醇脱氢酶 TherJR_ 1117，它是一种与细胞质膜相关的十血红素细胞色素 c，其作用类似于希瓦氏菌 CymA 或地杆菌 MacA[186]。*Thermincola* 中还存在一种与细胞壁结合比较松散的六血红素细胞色素 TherJR_ 1122，可充当穿过厚的非导电细胞壁的电子转移通道。OcwA 是一种位于细胞表面的九血红素细胞色素，与 MtrC 在 *S. oneidensis* MR-1 中的作用类似，在 *Thermincola* 中充当终端还原酶的角色[215]。当 OcwA 接受来自 TherJR_ 1122 导电丝的电子，并将其转移给不溶性电子受体时，*T. potens* 的整个 EET 过程就完成了，这与 *G. sulfurreducens* 通过 OmcS 导电丝的长距离 EET 过程十分类似[216]。因此，在革兰氏阳性菌的胞外直接电子传递过程中，细胞壁上的多血红素细胞色素发挥着至关重要的作用。

另一种不含血红素蛋白的革兰氏阳性模式菌株 Listeria monocytogenes 也能实现三价铁的胞外还原并产电,他们是如何跨越厚的细胞膜进行电子传输引起了学者们的关注[188]。L. monocytogenes 的 EET 过程由电子从 NADH 输入到醌池启动。经过 Ndh2(一种新型 NADH 脱氢酶)和复合物 EetB-EetA 实现了电子的跨细胞质膜传输[187,217]。为了实现无氧呼吸,电子除被转移到细胞外黄素化的胞外还原酶之外,还可以通过细胞外游离黄素介质或膜结合脂蛋白 PplA 上的 FMN 基团转移到电极或不溶性电子受体[218],这种通过间接电子介质进行的非细胞色素依赖性 EET 过程在厚壁菌门的多种革兰氏阳性菌中均被观察到。

另外,在 Lysinibacillus varians GY32 细胞壁上观察到了与革兰氏阴性菌中的Ⅳ型 pilin 和 e-pili 类似的绒毛状或纳米线状蛋白质附属物,单条附属物的长度可达 10 μm,实现了革兰氏阳性菌的长距离电子传递。宏基因组的分析结果预测 L. varians GY32 中 ComGD 的芳香族氨基酸百分比高达 3.8%,可能是组成导电附属物主要蛋白。而 T479_ RS14015 是Ⅳ型菌毛蛋白 ComGD 的编码基因[192]。

与革兰氏阴性菌相比,革兰氏阳性菌具有单膜的结构优势,跨膜电子传递过程更简单,这使它们可以通过更少的转移步骤来实现 EET。然而,厚的非导电细胞壁膜结构严重限制了 EET,导致许多革兰氏阳性菌的生物电化学活性极低。因此,通过不同的手段如基因改造或添加青霉素等化学试剂来降低细胞壁厚度,可以显著提高革兰氏阳性菌的 EET 效率;此外,基于黄素的 EET 机制为改善常见革兰氏阳性菌的电化学性能开辟了道路。

1.6.2 纳米粒子介导微生物胞外电子传递机制研究

细菌原位自组装的生物纳米粒子由于具有较高的生物相容性、柔性和可塑性,对氧化还原蛋白具有较高的识别能力,并能充分地插入膜中,这是设计合成的纳米材料无法轻易实现的,因此在加快微生物的电子传递与能量代谢方面显示出前所未有的优势。

在单细胞水平上，微生物原位合成的纳米粒子不仅能够成功嵌入 Shewanella loihicad 的壁膜间隙突破胞外电子传递的第一道屏障，进而加速细胞跨膜的电子传递过程，还可以直接作为连接内膜和外膜细胞色素的电子导管，提高细胞的电化学活性，显著地加快胞外呼吸速率[219]。Desulfovibrio desulfuricans 能够在周质空间合成 bio-Pd^{0}纳米颗粒并代替细胞色素蛋白传递电子，其可沿着天然酶介导的 EET 途径来促进周质空间的电子转移[121]。类似地，bio-Au^{0}纳米粒子能够通过形成新的电子传递管道来修复外膜细胞色素突变菌株的胞外电子传递路径[220]。Yu 等[221]提出，生物 FeS 能够与 3D 柔性细胞表面以及周质空间的电子通道蛋白连接形成跨膜电子通道，连通胞内的电子死穴，最大程度地提高电子输出效率。此外，bio-FeS 纳米粒子还能通过释放的可溶性氧化还原穿梭体（例如，HS^-/HS_2 和 Fe^{2+}/Fe^{3+}）来加快胞外电子传输[171]。在外膜蛋白和电子介体缺失的情况，bio-FeS 纳米颗粒能够替代外膜细胞色素（Omc-Cyts）的功能，为硫酸盐还原菌提供一条高效的电子运输通道——从胞外固体电子受体中获取电子，实现通过胞外电子摄取途径的自养代谢模式[82]。尽管对于生物纳米粒子介导的胞外电子传递的研究层出不穷，但研究多数聚焦于对革兰氏阴性菌的模式菌株的胞外电子传递过程的探索，而对于内在化的纳米粒子在胞内代谢中发挥的作用知之甚少。

在电化学生物膜系统中，相比于外源添加纳米材料制备的电活性杂化生物膜，原位合成纳米粒子构建的自组装生物膜能够实现细胞水平的纳米修饰，使纳米材料与生物膜中的所有微生物充分接触，降低了纳米材料与微生物的活性位点之间的空间位阻，提高 EET 效率。原位合成的纳米粒子不仅能够引入更多的结合位点，诱导形成具有高生物负载量和高修复性能的 3D 大孔生物膜，增强微生物与电极的接触，同时还能刺激细菌的生理反应促进核黄素的分泌，导致 π-π 作用增强，从而提高生物膜的向外（25 倍）和向内电流密度（74倍）[222]。此外，原位组装纳米粒子的生物膜具导电支架，有更大的接触面积，可以形成多重导电通路，有效缩短细菌与电子穿梭体之间的距离，从而显著增强微生物燃料电池的电子传输速率。由于具有半导体特性，部分生物纳米材料还是良好的导电助剂（bio-Au、bio-Pd 和 bio-rGO），可以通过自下而上的方式构建的三维细胞导电网络，通过电子跳跃过程将电子转移到电极，促进厚生物膜中的长距离电子转移，提高产电性能[223-225]。

在种间电子传递过程中，纳米材料能够通过三种方式介导电子转移（图1-6）：①作为电子导管；②充当电容器（由一种微生物充电，然后在条件变化时向另一种微生物放电）在不同微生物物种之间电子转移进行电子传递；③调节细胞外成分（例如，EPS 的含量）来影响种间电子传递。由于具有良好的导电性，纳米 Fe_3O_4 不仅可以发挥纳米线和 OmcS 的作用，介导菌毛与细胞外电子供体或受体之间的电子转移[227]，而且由于其导带与外膜细胞色素蛋白的电位相近，还可作为 *G. metal-lireducens* 和 *G. sulfurreducens* 的导电菌毛的接头，降低二者进行电子交换的能量势垒，促进种间直接电子传递[228]。而在 *G. sulfurreducens* 和 *R. palustris* TIE-1 共培养系统 Fe_2O_3 纳米粒子由于兼具 Fe（Ⅱ）和 Fe（Ⅲ），可以充当电容器，*G. sulfurreducens* 在暗培养条件下氧化乙酸的过程中扮演电子受体，而在光照环境下则作为 *R. palustris* TIE-1 代谢的电子供体[79]。在 Fe（Ⅲ）还原细菌 *Shewanella putrefaciens* CN32 和硝酸盐依赖性 Fe（Ⅱ）氧化细菌 *Pseudogulbenkiania* sp. 的共培养系统中也观察到了类似的现象[229]。尽管很多的研究已经证实外源性纳米粒子能够通过不同的机制强化微生物的种间电子传递，但是对于原位合成的生物纳米粒子介导的种间电子传递过程还未见报道。

相比于纳米粒子介导下的电子传递的研究，对生物纳米粒子介导下的能量代谢的研究颇少。Chen 等[230]探究了纳米颗粒对能量代谢的诱导机制，结果显示亚致死/无毒暴露浓度下的纳米粒子能够

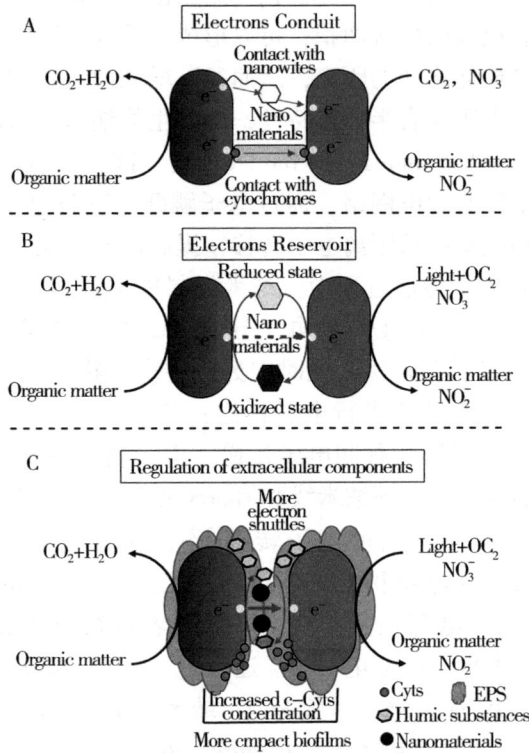

图 1-6　纳米粒子介导种间电子传递机制[226]

诱导细胞膜膜电位去极化，导致 ATP 合成下降，由于纳米粒子对 PGC-1α 的抑制，细胞能量代谢路径从氧化磷酸化转变为糖酵解。并且，尺寸越小的纳米球在改变细胞能量代谢方式上显示出越大的潜力。而对于生物合成纳米粒子对能量代谢的作用机制研究则更为匮乏。

1.6.3　生物纳米粒子在环境污染修复中的应用

除具有更高的生物相容性、更低的表面能和更好的分散性外，生物合成的纳米粒子还保留了与化学合成纳米颗粒相当甚至更高的催化活性，在环境中的有毒害有机物以及重金属的修复中显示出极大的应用潜力，符合可持续发展模式下"以废治废"的绿色治污理念。截至目前，对有机污染物的治理包括染料的降解去除、氯代有机污染物的脱氯反应以及硝基类有机污染物的还原反应。Ahmed 等[231]用原位合成纳米钯颗粒的 bio-Pd^0-*S. loihica* PV-4 杂合物用于甲基橙染料的催化还原脱色；Song 等[232]利用 *S. oneidensis* MR-1 的生物还原作用在纳米管的表面成功负载了一层分布均匀的银纳米颗粒，并且研究显示银纳米颗粒的负载显著提高了硝基苯酚的降解性能。在之前的研究中，Niu 等[233]发现 *Pseudomonas putida* 自组装合成的 bio-Pd^0能够强化微生物的胞内氧化还原作用和电子传递活性，从而催化并加速苯酚的降解。Chen 等[234]发现生物合成的 bio-Pd^0能够催化一些供氢物质和 O_2（甚至空气）原位产生 H_2O_2 和强氧化性的 $HO·$ 和 $O_2^-·$，实现对三氯生的催化降解。双金属纳米颗粒能够融合不同纳米粒子的空间效应和晶面效应之间的协同作用，因此具有更优异的结构优势和催化性能，从而强化甚至激活污染物的降解。Corte 等[235]发现在单一 Pd^0 或 Au^0 的催化作用下双氯酚酸和三氯乙烯均无法被降解，但是 Pd/Au 双金属纳米颗粒却能够快速催化双氯酚酸以及三氯乙烯的还原脱氯。Xu 等[236]研究发现，相比于 *Shewanella oneidensis* 合成的单金属 Pd^0 和 Pt^0 纳米粒子，双金属生物 Pd/Pt 纳米颗粒对硝基苯酚的还原降解效果明显提高。此外，研究人员在生物纳米粒子对重金属污染修复方面也进行了较多的尝试。Shen 等[237]和 He 等[238]发现 *Shewanella* 还原石墨烯制备的还原石墨烯水凝胶可以利用氧化还原电势的差异实现 Cr（Ⅵ）的还原和 Au（Ⅲ）的回收；Wang 等[239]用 *Shewanella loihica* PV-4 合成了纳米钯用于对 Cr（Ⅵ）的还原，并研究了电子供体以及污染物的浓度、pH 值对还原过程的影响。

1.7 科学问题的提出

随着总氮排放标准纳入管控，原有的生物处理系统出水的总氮面临不达标的风险，特别是在养殖废水中抗生素浓度过高且无法被生物处理工艺有效去除，不仅造成受纳水体的抗生素污染，还会导致生物处理系统的反硝化效率降低，出水硝酸盐浓度过高，引发自然水体的硝酸盐污染现象。因此，提高原有生物处理系统对污染物的整体去除效率势在必行。而微生物的电子传递效率是生物处理工艺污染物去除效率的本质反映，从细胞呼吸层面提高微生物的电子传递效率能够从本质上解决生物处理技术效率低的问题。

（1）利用微生物合成具有高生物相容性和低毒性的生物纳米材料能够有效地加快微生物的电子传递速率，突破生物降解速率慢的瓶颈。但目前对纳米粒子介导的微生物的电子传递过程多集中于微生物胞外电子传递和种间电子传递，而对纳米粒子在微生物胞内和跨膜电子传递中的具体介导机制还不明确。

（2）对生物纳米粒子介导的胞外电子传递过程的研究多是以革兰氏阴性菌的模式菌株为对象，对常规阴性菌以及革兰氏阳性菌的胞外电子传递机制的研究较为缺乏，纳米粒子对革兰氏阳性菌的电子传递和能量代谢的调控还未见报道。

（3）目前通过纳米粒子加速污染物的生物降解的研究多停留在降解性能层面，并且多集中于纳米粒子单纯的非生物催化作用，而生物纳米粒子对于生物降解污染物的全过程（胞内—跨膜—胞外）电子传递机制以及能量代谢的影响及其调控机制还缺乏深入的探究。

基于以上科学问题的提出，本研究展开了原位合成的生物纳米粒子对革兰氏阳性菌的胞内—跨膜—胞外全程电子传递和能量代谢调控机制的研究。

1.8 研究思路

1.8.1 研究意义与目的

针对传统生物处理电子传递效率低、对新型有毒害大分子污染物生物降解性能差等问题，本研究拟通过革兰氏阳性菌 *B. megaterium* 在菌体的细胞质、壁膜间隙和细胞表面上自组装合成具有高柔性、高相容性的生物纳米粒子，构建生物纳米粒子强化的胞内、胞外及跨膜的电子通路，实现污染物的高效降解；结合动力学、功能酶活性测试、qPCR、生物电化学以及靶向位点抑制实验解析生物纳米粒子介导革兰氏阳性微生物胞内—跨膜—胞外全程电子传递和能量代谢的内在机制及调控策略。这些研究结果有望扩展电活性微生物在生物催化和环境修复方面的应用。

1.8.2 研究内容

本研究以实验室自主分离的革兰氏阳性胞外呼吸菌巨大芽孢杆菌（*Bacillus megaterium* Y-4）为研究对象，探究 G^+ 菌 *B. megaterium* 的胞外电子传递机制；并阐明原位自组装生物钯纳米粒子（bio-Pd^0）对 *B. megaterium* 胞内、胞外、跨膜电子传递和能量代谢的介导作用；最终提出可行易控的胞外电子传递的调控策略，实现污染物的高效胞外降解。主要研究内容有：

（1）*B. megaterium* 原位合成 bio-Pd^0 的动力学及机理研究

利用自主分离的革兰氏阳性胞外呼吸细菌 *B. megaterium* 将废水中的有毒溶解态 Pd（Ⅱ）还原为低毒高活性的 bio-Pd^0，实现物质的资源回收。利用 SEM、TEM、XRD 等手段对合成的生物纳米粒子的形貌和结构进行表征；结合红外表征和动力学分析探究 bio-Pd^0 在细胞内的沉积位点及变化规律，阐明分布在细胞不同部位的 bio-Pd^0 的合成机制；进一步通过活性位点的靶向抑制实验和引入外源生物活性因子等手段阐明电子供体对金属离子还原路径的调控机制。

(2) 生物钯强化 B. megaterium 好氧反硝化的胞内、胞外电子传递机制研究

以硝酸盐为研究对象，通过伪一级动力学、Haland 基质抑制模型，以及热力学计算初步探究 bio-Pd^0 强化硝酸盐、亚硝酸盐好氧反硝化效能的宏观机制；进一步结合宏观、微观电化学分析、脱氮功能酶活性分析、呼吸链的靶向抑制实验以及功能基因丰度分析等分子生物学手段深入剖析 bio-Pd^0 强化硝酸盐和亚硝酸盐还原的内在机制差异，并明确原位合成的 bio-Pd^0 对好氧反硝化过程中胞内电子传递的介导作用。

(3) 生物钯调控 B. megaterium 胞外电子传递强化土霉素的胞外降解

以新型大分子污染物土霉素为研究对象，通过伪一级降解模型和 Haland 基质抑制模型探究不同负载量 bio-Pd@Cells 的抗生素降解动力学；借助生物灭活实验和活性物种淬灭等手段，阐明 bio-Pd^0 强化抗生素降解的化学催化机制；利用酶活性分析和靶向抑制呼吸位点等实验识别参与抗生素生物降解的电子载体和功能酶；结合特异活性抑制体系的电化学测试分析阐明 bio-Pd@Cells 强化 OTC 生物降解的胞外电子传递机制；结合降解产物分析，提出可能的抗生素降解路径，并对其生态毒性进行评估。

(4) 生物钯基于跨膜质子梯度对 B. megaterium 跨膜电子传递和能量代谢的联动调控机理研究

通过改变胞外 pH 值调节微生物的跨膜质子梯度（Transmembrane proton gradient，TPG），结合逐级分离的细胞组分的 OTC 的降解动力学实验，明确抗生素生物降解的主要位点，阐明跨膜质子梯度对不同细胞组分抗生素降解动力学的影响；通过结构方程模型建立集碳中心代谢、电子传递以及能量代谢于一体的反应路径网络，解析 bio-Pd^0 基于跨膜质子梯度实现对胞内、跨膜电子传递和

能量代谢的联动调控机制；进一步利用呼吸链抑制实验以及电化学测试，阐明 OTC 降解与胞外电子传递以及能量代谢之间的相关性，揭示胞外电子传递和能量代谢的耦合机制，以提出灵活可行的调控策略。

1.8.3 技术路线图

本研究的主要技术路线如图 1-7 所示。

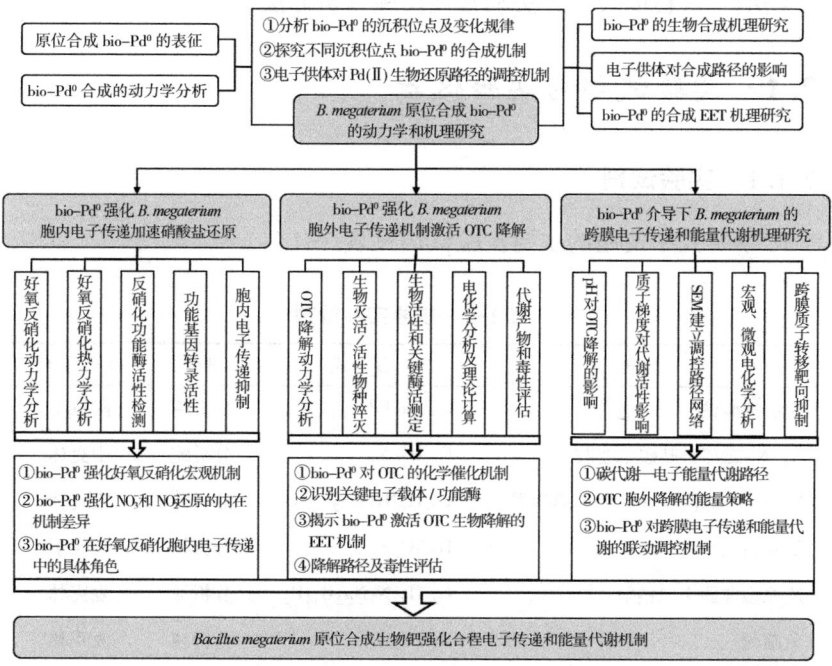

图 1-7 技术路线

第二章 实验材料与方法

本章主要介绍本研究所采用的主要实验试剂、仪器设备,以及生物纳米颗粒的表征方法和常规实验分析方法等。

2.1 实验试剂与实验仪器

2.1.1 实验试剂

本研究中使用的主要实验试剂见表2-1。

表2-1 主要实验试剂

试剂	分子式	纯度	生产厂家
四氯钯酸钠	Cl_4Na_2Pd	分析纯	阿拉丁
N,N-二环己基碳二亚胺	$C_{13}H_{22}N_2$	分析纯	麦克林
5,5'-二硫代双(2-硝基苯甲酸)	$C_{14}H_8N_2O_8S_2$	分析纯	麦克林
氨基磺酸	H_3NO_3S	分析纯	阿拉丁
还原型辅酶Ⅰ二钠盐	$C_{21}H_{27}N_7Na_2O_{14}P_2$	分析纯	麦克林
鱼藤酮	$C_{23}H_{22}O_6$	分析纯	麦克林
辣椒素	$C_{18}H_{27}NO_3$	分析纯	麦克林
双香豆素	$C_{19}H_{12}O_6$	分析纯	麦克林
二巯基丙醇(BAL)	$C_3H_8OS_2$	分析纯	麦克林
噻唑蓝	$C_{18}H_{16}BrN_5S$	分析纯	麦克林
土霉素(OTC)	$C_{22}H_{24}N_2O_9$	分析纯	麦克林

(续表)

试剂	分子式	纯度	生产厂家
氨苄青霉素	$C_{16}H_{19}N_3O_4S$	分析纯	麦克林
辅酶 Q10	$C_{59}H_{90}O_4$	分析纯	麦克林
甲基紫精	$C_{12}H_{14}Cl_2N_2$	分析纯	麦克林
保险粉	$Na_2S_2O_4$	分析纯	天津大茂
叠氮化钠	NaN_3	分析纯	天津致远
2-羟基-1-乙硫醇	C_2H_6OS	分析纯	麦克林
琥珀酸钠	$C_4H_4Na_2O_4$	分析纯	阿拉丁
2,4-二硝基苯肼	$C_6H_6N_4O_4$	分析纯	麦克林
2,6-二氯酚靛酚钠	$C_{12}H_6Cl_2NNaO_2$	分析纯	麦克林
HEPES 缓冲溶液	—	分析纯	阿拉丁
BCECF-AM	$C_{26}H_{22}O_6$	分析纯	麦克林
尼日利亚菌素	$C_{19}H_{12}NaO_{11}$	分析纯	叶源生物
双(1,3-二巴比妥酸)-三次甲基氧烯洛尔 [DiBAC$_4$(3)]	$C_{27}H_{40}N_4O_6$	分析纯	阿拉丁
N,N-二羟乙基甘氨酸	$C_6H_{13}NO_4$	分析纯	麦克林

2.1.2 实验仪器

本研究使用的主要实验仪器如表 2-2 所示。

表 2-2 主要实验仪器

仪器名称	型号	产地
恒温摇床	ZWYC-2933	上海智城分析仪器制造有限公司
恒温培养箱	ZXSD-R1270	上海智城分析仪器制造有限公司
超净工作台	AIRTECH	苏州安泰空气技术有限公司

(续表)

仪器名称	型号	产地
pH 计	PHS-3E	上海仪电科学仪器股份有限公司
紫外—可见分光光度计	DR5000	美国哈希（HACH）公司
高速冷冻离心机	5810R	德国艾本德（Eppendorf）仪器公司
真空冷冻干燥机	LGJ-10	北京松源华兴科技发展有限公司
电子天平	BS224S	赛多利斯（北京）有限公司
高效液相色谱	ACQUITY	美国沃特世（Waters）公司
扫描电子显微镜	Merlin	德国蔡司（Zeiss）公司
透射电子显微镜	JEM-2100F	日本电子株式会社（JEOL）
高压灭菌锅	MLS-3750	日本三洋（SANYO）公司
X 射线衍射仪	Empyrean	荷兰帕纳科（PANalytical）公司
傅里叶变换红外光谱仪	VERTEX 70	德国布鲁克（Bruker）公司
液相色谱—四极杆超高分辨质谱联用仪	Waters UPLC-Xevo™	美国沃特世（Waters）公司
原子吸收分光光度计	PinAAcle 900T	珀金埃尔默（Perkin Elmer）公司
三维荧光分光光度计	F-4700	日立（HITACH）公司
电化学工作站	CHI660	上海辰华仪器有限公司
气相色谱仪	8860	安捷伦科技有限公司

2.1.3 菌株

Bacillus megaterium Y-4 为本课题组前期从电镀废水中分离得到的，并被保存于实验室。*B. megaterium* Y-4 的 16S rRNA 基因序列（1 500 bp）已提交至 GenBank 数据库，收录号为 MH472619。

2.2 B. megaterium Y-4 原位合成生物纳米钯

2.2.1 细菌浓缩液的制备

采用 LB 液体培养基进行细菌活化与常规培养。以 10%的接种量将 B. megaterium Y-4 转接至 LB 液体培养基中,于恒温摇床(30℃,125 r/min)中培养 18 h 至对数期,离心收集细胞(8 000 r/min,5 min),用无菌磷酸盐缓冲溶液(50 mmol/L,pH 值 = 7.2)清洗两次后待用。将离心清洗后的菌体进行梯度浓度重悬,同时测定不同浓度菌悬液在 600 nm 波长下的光密度值(OD_{600}),并对不同浓度的菌悬液进行稀释涂布菌落计数。经计算得到菌落数量与菌悬液 OD_{600} 之间的线性相关关系。基于此,添加合适的 PBS 重悬以制备细菌数量约为 $1.0×10^9$ CFU/mL 的细胞浓缩液备用。

2.2.2 B. megaterium Y-4 原位合成 bio-Pd^0 纳米粒子

还原反应在 pH 值为 7.2 的磷酸盐缓冲体系中进行,具体包括 2.04 g/L 磷酸二氢钾、7.98 g/L 磷酸氢二钾、0.34 g/L 甲酸钠和一定量的四氯钯酸钠(Na_2PdCl_4)溶液(最终浓度为 1 mg/L、5 mg/L、7 mg/L、10 mg/L 和 15 mg/L)。将装有 100 mL 还原反应溶液的厌氧瓶进行 30 min 的氮气吹扫驱赶氧气,使反应体系达到厌氧状态。之后,向反应体系中加入 1 mL 细胞浓缩液($1×10^9$ CFU/mL)启动反应,并对反应体系进行密封,置于恒温培养摇床(30℃,125 r/min)中进行反应。在特定的时间点取样测定残余 Pd(Ⅱ)浓度。

2.2.3 粗酶提取液合成 bio-Pd^0 纳米粒子

首先,取 5 mL 的细胞浓缩液于 10 mL 离心管中,利用超声细胞破碎仪对细菌进行破胞(5 s 超声 5 s 停止,间歇进行,总超声时长 10 min,超声频率为 60%)得到粗酶提取液;其次,取 1mL

粗酶提取液加入还原反应体系中开始反应，其他操作条件与 B. megaterium Y-4 合成 bio-Pd^0 的过程完全相同。

对照实验设置为不添加细胞的对照组、不添加电子供体的对照组和添加等量高温灭活细胞的对照组，以排除溶液中的其他物质对 Pd（Ⅱ）的化学还原作用和微生物细胞的生物吸附作用的干扰。除 Na$_2$PdCl$_4$ 储备液外，实验中使用的其他溶液以及全部器皿在使用前进行湿热高温灭菌。由于 Na$_2$PdCl$_4$ 受热不稳定，因此在本研究过程中将适量 Na$_2$PdCl$_4$ 储备液采用 0.22 μm 的无菌滤头过滤后，按照需求添加到灭菌后的反应体系中。

2.2.4 不同的电子供体对 bio-Pd^0 纳米粒子合成的影响

为探究电子供体对 Pd（Ⅱ）还原过程的影响，向初始 Pd（Ⅱ）浓度为 10 mg/L 的 PBS 缓冲还原体系中，分别加入总浓度为 5 mmol/L 的甲酸钠、乳酸钠和甲酸钠—乳酸钠（1∶1）混合溶液作为电子供体，其余实验条件与 2.2.2 的合成过程完全相同。此外，为进一步探究电子供体对 bio-Pd^0 合成路径的影响，进行了 NADH 脱氢酶抑制下的生物钯还原实验，除额外添加 0.2 mmol/L 的辣椒素外，其他操作与上述过程完全相同。

2.3 bio-Pd@Cells 的胞内好氧反硝化性能研究

2.3.1 细菌的驯化

在进行实验之前，B. megaterium Y-4 在有氧条件下在反硝化培养基中进行了长达 30 余天的驯化。反硝化培养基的配方如下：葡萄糖 1 g/L、适量 KNO$_3$、KH$_2$PO$_4$ 1.5 g/L、Na$_2$HPO$_4$ 4.2 g/L、MgSO$_4$·7H$_2$O 0.1 g/L 和 2 mL/L 的微量元素。微量元素溶液包括 CuSO$_4$·5H$_2$O 7.5 mg/L、FeCl$_3$·6H$_2$O 375 mg/L、ZnSO$_4$·7H$_2$O 30 mg/L、MnCl$_2$·4H$_2$O 30 mg/L、KI 45 mg/L、H$_3$BO$_3$ 37.5 mg/L

和 EDTA 2 500 mg/L。具体的驯化过程如下：将 -20℃ 保存的 *B. megaterium* Y-4 接种在盛有 120 mL LB 的三角瓶中，并放置在恒温振荡培养箱（30℃，150 r/min）中培养，每 12 h 转接一次。待细菌活性较高后，将 10 mL 细菌溶液转移到另一个装有 120 mL 的 NO_3^--N 含量为 20 mg/L 的反硝化培养基的锥形瓶中。每 12 h 取样一次，当 NO_3^--N 完全去除后，取 10 mL 反硝化培养菌液继续转接到含有更高浓度的 NO_3^--N 的新反硝化培养基中。如此重复多次，直到 NO_3^--N 浓度达到 100 mg/L。之后继续驯化 10 d，直到 *B. megaterium* Y-4 能够在 12 h 内将 100 mg/L 的 NO_3^--N 几乎全部去除。最后，收集处于对数生长期的细菌，洗涤两次后重新悬浮在 50 mmol/L 无菌 PBS 中，得到浓缩菌悬液，储存在冰箱中用于后续实验。

2.3.2 生物钯负载量对 bio-Pd@Cells 好氧反硝化性能的影响

接种 1 mL 细胞浓缩液于 100 mL 不同初始浓度（2 mg/L 和 5 mg/L）的 Pd（Ⅱ）还原体系中制备得到不同钯负载量 bio-Pd@Cells，分别记为 bio-Pd@Cells-L 和 bio-Pd@Cells-H。将其全部离心收集（8 000 r/min，5 min），并分别添加到 100 mL 的 NO_3^--N 含量为 100 mg/L 的反硝化培养基中（溶解氧浓度约为 4.2 mg/L），于恒温培养箱培养（150 r/min，30℃）。定时取样，8 000 r/min 离心 5 min 后测定培养基中的 NO_3^--N、NO_2^--N 和生物氮（bio-N）的含量。以亚硝酸钠为氮源的实验过程与该实验完全相同，初始 NO_2^--N 的含量设置为 100 mg/L。

此外，改变初始 NO_3^--N 和 NO_2^--N 的含量（20 mg/L、30 mg/L、50 mg/L、70 mg/L 和 100 mg/L），在反应的不同时间点取样测定 NO_3^--N 和 NO_2^--N 的含量，并利用伪一级动力学模型拟合得到反硝化速率常数。在反应结束后 8 000 r/min 离心 5 min 收集菌体，于 105 ℃ 烘干至恒重，得到不同氮水平下的细胞干重，利用 Haldane 模型进行拟合分析。

2.3.3 不同呼吸抑制剂对 bio-Pd@Cells 好氧反硝化性能的影响

向纯菌和 bio-Pd@Cells-L 反硝化体系中分别添加一定量的呼吸链靶向抑制剂,于不同的时间间隔取样测定细胞的反硝化性能。主要的呼吸链抑制剂包括辣椒素（NADH 脱氢酶抑制剂）、鱼藤酮（阻断电子从 NADH 到辅酶 Q 的传递）、双香豆素（NADH 醌氧化还原酶抑制剂）、BAL（抑制从细胞色素 b 到 c1 的传递）、NaN_3（阻断由细胞色素 aa3 到氧的传递）和 $CuCl_2$（Fe-S 中心抑制剂）。除 $CuCl_2$ 的最终使用浓度为 0.02 mol/L 外,其他抑制剂的最终使用浓度均为 0.2 mmol/L。以乙醇为溶剂制备辣椒素和 BAL 的储备液（20 mmol/L）,以二甲基亚砜为溶剂制备 20 mmol/L 的鱼藤酮储备液,以 0.5 mol/L 的 NaOH 溶液为溶剂配置 20 mmol/L 的双香豆素母液,NaN_3 和 $CuCl_2$ 的母液用超纯水配置。考虑到每种抑制剂的溶剂差异,向另外的反硝化培养基中加入等量的不同溶剂作为实验的对照组,其他过程与实验组完全相同。

2.4 bio-Pd@Cells 的 OTC 胞外生物降解研究

2.4.1 不同 Pd^0 负载量的 bio-Pd@Cells 的 OTC 降解性能

接种 1 mL 细胞浓缩液于 100 mL 不同初始浓度（3 mg/L、5 mg/L、7 mg/L、10 mg/L 和 15 mg/L）的 pH 值为 7 的 Pd（Ⅱ）的还原体系中制备得到不同钯负载量的 bio-Pd@Cells。反应结束后将其分别全部离心收集（8 000 r/min,5 min）,并分别添加到 100 mL 的 OTC 浓度为 10 mg/L 的缓冲培养体系中（pH 值为 7）,用高纯 N_2 吹脱氧气 20 min 并用橡皮盖密封后,将厌氧反应瓶在恒温培养箱（150 r/min,30℃）培养。每 12 h 取样一次,8 000 r/min 离心 5 min,取 1 mL 上清液用 0.22 μm 的水系滤头过滤,用高效液相色谱检测残余 OTC 的浓度。为了排除 OTC 的光解作用,所有实验均在锡箔纸包裹的棕色厌氧瓶中进行。所有实验平行重复3组。

此外，改变初始 OTC 的含量（5 mg/L、10 mg/L、15 mg/L、20 mg/L 和 30 mg/L），在反应的不同时间点取样测定残余 OTC 的浓度，并利用伪一级动力学模型拟合得到 OTC 降解速率常数。此外，在反应开始时，取 10 mL 的细胞浓缩液于 8 000 r/min 离心 5 min 收集菌体，于 105 ℃烘箱烘干至恒重，得到每毫升细胞浓缩液所含细胞干重。最后，利用 Haldane 模型进行拟合分析。所有实验平行重复 3 组。

2.4.2 生物钯纳米粒子的分离

将 bio-Pd@Cells 在 121 ℃高压灭菌锅中加热 20 min，冷却到室温后 10 000 r/min 离心 5 min 收集沉淀物并用适量的双蒸水重悬；将重悬液转移至分液漏斗中，按照体积比 1∶1 的比例加入一定量的正己烷溶液对有机相进行萃取，生物分子转移到正己烷中，而钯纳米材料留在水相，反复几次，充分去除生物分子。将纯化后的钯纳米粒子，用去离子水反复洗涤后再离心收集（12 000 r/min，20 min），待用。

2.4.3 生物钯纳米粒子催化 OTC 降解

为明确生物钯纳米粒子对 OTC 降解的非生物催化贡献，一方面，向 bio-Pd@Cells 的体系中加入抑制生物活性的氨苄青霉素（100 mg/L）排除 OTC 生物降解的影响。另一方面，利用从等量的 bio-Pd@Cells 中剥离得到的纯钯纳米颗粒进行 OTC 降解实验。此外，为了进一步验证纳米钯的催化机理，进行了吹脱 H_2、添加活性氢（H^*）淬灭剂叔丁醇（TBA，20 mmol/L）以及吹脱 H_2 和外加 TBA 联用条件下的 OTC 降解实验。所有实验的 OTC 初始浓度均为 10 mg/L，所用的 bio-Pd@Cells 均为在 10 mg/L 的 Pd（Ⅱ）溶液中制得。其他的实验和培养条件与 2.4.1 的 OTC 降解实验完全相同。所有实验平行重复3组。

2.4.4 不同细胞组分对 OTC 降解的贡献分析

通过不同细胞组分对 OTC 降解贡献来确定 OTC 降解的主要场所。向装有 100 mL 初始 Pd（Ⅱ）浓度为 10 mg/L 且 pH 值为 7 的还原反应溶液的厌氧瓶中接种 1 mL 细胞浓缩液，于厌氧条件下反应 4 h，反应结束后将其全部在 3 500~4 000 r/min 离心 10 min，将上清液转移至另一个干净的 1 号棕色厌氧瓶中（即胞外组分）。此外，将收集的沉淀物重新悬浮在 5 mL 的 50 mmol/L 的 PBS 中，超声破胞后（5 s 超声 5 s 停止，间歇进行，总超声时长 10 min，超声频率为 60%），上清液即为胞内组分提取液。然后，将胞内组分提取液转移至另一个干净的 2 号棕色厌氧瓶中并向其中加入 95 mL 的 PBS 溶液，同时将收集的细胞碎片也添加到 1 号棕色厌氧瓶中（即胞外组分）。随后，在每个反应体系中加入 5 mL 的 200 mg/L 的 OTC 储备溶液和 0.5 mL 的 100 mmol/L 乳酸钠储备液，充氮气并密封后于恒温培养箱中进行反应。所有实验平行重复3组。其他具体的操作条件与 bio-Pd@Cells 的 OTC 降解实验完全相同。

2.4.5 不同呼吸抑制剂对 bio-Pd@Cells 的 OTC 降解性能的影响

为探究 OTC 降解过程中的电子传递机制，探究了靶向呼吸链抑制剂对 OTC 降解的影响，明确生物钯纳米粒子在 OTC 降解电子传递过程中的角色。在呼吸链抑制剂实验中，除向反应体系中添加不同的呼吸抑制剂外，其他的实验过程与 OTC 降解实验完全相同。根据前期预实验的实验结果可知，当抑制剂（如辣椒素、鱼藤酮、双香豆素和 BAL）的最终浓度为 0.8 mmol/L 时，纯菌的电子传递几乎被完全中断（图 2-1），暴露时间设置为 72 h。所有实验平行重复3组。抑制剂的储备液的配制方法见 2.3.3。

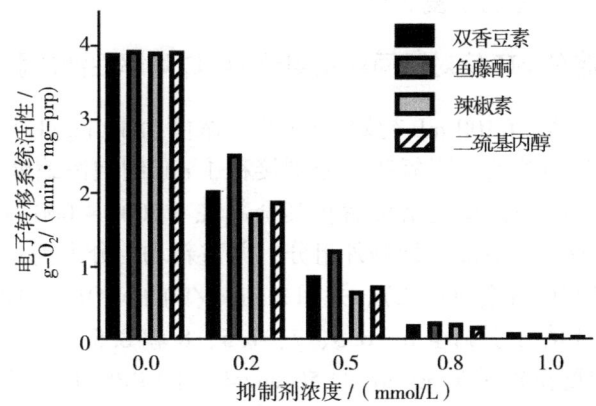

图 2-1　抑制剂浓度对电子转移系统活性的影响

2.5　质子梯度调控 bio-Pd@Cells 的电子传递研究

2.5.1　胞外 pH 值对 bio-Pd@Cells 的 OTC 降解性能的影响

向 6 个装有 100 mL 初始 Pd（Ⅱ）浓度为 10 mg/L 且 pH 值为 7 的还原反应溶液的厌氧瓶中分别接种 1 mL 细胞浓缩液，于厌氧条件下反应 4 h，反应结束后将其分别离心收集（8 000 r/min，5 min），并加入 6 mL 磷酸缓冲溶液（50 mmol/L，pH 值为 7）重新悬浮，得到 bio-Pd@Cells 悬液。之后，向 6 个装有 100 mL 且 pH 值各异（6、6.5、7、7.5、8 和 8.5）的初始 OTC 浓度 10 mg/L、乳酸 5 mmol/L 的培养体系中分别加入 1 mL 的 bio-Pd@Cells 悬液，用高纯 N_2 吹脱氧气 20 min 并用橡皮塞密封后，将厌氧反应瓶在恒温培养箱（150 r/min，30 ℃）培养。每 12 h 取样一次，8 000 r/min 离心 5 min 后，取 1 mL 上清液用 0.22 μm 的水系滤头过滤，用高效液相色谱检测残余 OTC 的浓度。每组实验平行重复 3 组。为了排除 OTC 的光解作用，所有实验均在锡箔纸包裹的棕色厌氧瓶中进行。所有实验平行重复3组。

2.5.2 胞外 pH 值对不同细胞组分 OTC 降解性能的影响

向6个装有100 mL初始Pd（Ⅱ）浓度为10 mg/L且pH值为7的还原反应溶液的厌氧瓶中分别接种1 mL细胞浓缩液，于厌氧条件下反应4 h，反应结束后将其全部在3 500~4 000 r/min离心10 min，收集上清液（即胞外组分）并重新均匀分配到6个干净的棕色厌氧瓶中（各95 mL），并用2 mmol/L的NaOH和HCl将反应体系的pH值分别调至6、6.5、7、7.5、8和8.5。此外，将收集的沉淀物重新悬浮在30 mL的50 mmol/L的PBS中，超声破胞后（5 s超声5 s停止，间歇进行，总超声时长30 min，超声频率为60%），收集上清液（即胞内组分），并向6个分别盛有90 mL不同pH值（6、6.5、7、7.5、8和8.5）的PBS溶液的干净棕色厌氧瓶中分别添加5 mL上清液。同时，残留的细胞碎片也用30 mL的50 mmol/L PBS重悬，并平均转移到6个分别盛有90 mL不同pH值（6、6.5、7、7.5、8和8.5）的PBS溶液的干净棕色厌氧瓶中。随后，在每个反应体系中加入5 mL的200 mg/L的OTC储备溶液和0.5 mL的100 mmol/L乳酸钠储备液，充氮气并密封后于恒温培养箱中进行反应。所有实验平行重复3组。其他具体的操作条件与bio-Pd@Cells的OTC降解实验完全相同。

2.5.3 不同抑制剂对 bio-Pd@Cells 的跨膜电子传递和质子转移的影响

为探究跨膜电子传递耦合质子转移对OTC生物降解的介导机制，探究了靶向跨膜电子传递抑制剂对OTC降解的影响。在不同pH值条件下的抑制剂实验中，除在反应开始前向反应体系中添加的不同抑制剂外，其他的实验过程与不同pH值条件下bio-Pd@Cells的OTC降解实验完全相同。在本实验中，通过添加辣椒素和BAL来抑制复合物Ⅰ和Ⅲ的电子耦合质子转移过程。抑制剂的暴露浓度为 0.8 mmol/L，暴露时间为 72 h。所有实验平行重复 3 组。抑制剂的储备液的配制方法见 2.3.3。

2.6 分析测试方法

2.6.1 Pd（Ⅱ）浓度的测定

火焰原子吸收分光光度法用于残留 Pd（Ⅱ）浓度的测定。测试条件如下：Pd 空心阴极灯波长 247.6 nm，乙炔压力 0.075 MPa，空气压力 0.28 MPa，狭缝宽 0.2 mm，燃烧头高度 10 mm。首先配置系列浓度的 Pd（Ⅱ）溶液，测定并建立 Pd（Ⅱ）的标准曲线。为防止堵塞测试仪器，不同反应时间取出的样品，首先在离心机 8 000 r/min 的转速下离心 5 min，再用 0.22 μm 玻璃纤维滤膜过滤，收集上清液。随后用原子吸收分光光度计对上清液中 Pd（Ⅱ）的量进行测定。

2.6.2 生物钯纳米粒子的表征

制备样品的形貌和结构组成主要通过配置有能谱分析仪（EDS）的场发射扫描电镜（FESEM），透射电子显微镜（TEM），X 射线粉末衍射仪（XRD）和傅里叶变换红外光谱法（FT-IR）等进行表征。具体的表征方法如下：

XRD 分析：利用 X 射线衍射仪对生物合成的纳米颗粒的晶体结构进行表征，选用的 X 光管为 CuKα（射线波长为 0.154 178 nm），电压 40 kV，能量 1.6 kW，扫描范围 30°~90°，扫描步长 0.02°，扫描速度 1°/min。样品制备步骤为：*B. megaterium* Y-4 合成 bio-Pd^0 之后，在 8 000 r/min 下离心 5 min，弃去上清液，将收集的细胞于 −20℃ 冷冻若干小时，将冰冻的细胞样品置于真空冷冻干燥机中干燥 24 h。干燥后的样品研磨后装入洁净的离心管中，置于干燥器内保存。测定结果使用 Jade 软件与标准卡片进行寻峰、比对和拟合分析。

FT-IR 分析：将保存的经真空冷冻干燥获得的纯 *B. megaterium* Y-4 和 bio-Pd@Cells 细菌样品进行红外干燥后，与光谱纯的溴化钾（KBr）粉末按照质量比（约 1:100）充分研磨混合，取适量均匀分布在压片机中压制成半透明状的薄片，然后在 400~4 000/cm 范围内测定吸光度。

FESEM 表征：在 FESEM 上机观察前，需要对细菌样品进行前处理固定。首先用 2.5% 的戊二醛缓冲液浸泡固定细胞 12 h，之后依次用 20%、50%、70%、80%、90% 和 95% 的无水乙醇进行梯度脱水，每次时长 10 min，然后用 100% 无水乙醇继续连续脱水 3 次，每次浸泡时间均为 15 min。之后，依次用乙酸异戊酯和无水乙醇按照体积比 1:1 制备的混合溶液和纯乙酸异戊酯溶液置换乙醇，每次时长为 15 min。最后，将细胞离心收集，并真空冷冻干燥 24 h，干燥后的样品即可用于 FESEM 的上机观察，其工作电压为 5 kV。对于原始的 *B. megaterium* Y-4 细菌样品需要进行喷金处理，而合成纳米钯的 bio-Pd@Cells 由于具有较好的导电性，样品无须进行喷金操作。此外，在高真空模式下观察，施加工作电压为 15 kV，利用 X 光量子测定样品表面的 EDS 能谱。

生物切片 TEM 表征：首先，吸取适量培养菌液（OD_{600} 在 0.5~0.8），用 1.5 mL 的离心管离心收集于管底（约黄豆大小），并用 PBS 洗涤 1~2 次，弃掉上清液，沿着离心管壁缓慢加入 1.5 mL 在 4℃ 预冷的 2.5% 的戊二醛固定溶液，然后放入 4℃ 的冰箱中进行长达 12 h 的前固定；其次，离心收集菌体，用 100 mmol/L 的 pH 值为 7.2 的 PBS 缓冲溶液漂洗样品 3 次，每次约 10 min；随后将漂洗后的样品用 1% 的锇酸固定 2 h，即后固定。将固定后的样品用 PBS 缓冲溶液漂洗 3 次，每次 10 min；然后，依次用 20%、40%、60%、80%、90% 和 95% 的乙醇溶液对漂洗后收集的样品进行梯度脱水，每次浸泡 10 min；最后，再用 100% 的无水乙醇对颗粒状的样品连续进行 2 次长达 15 min 的深度脱水。接下来，将样品在丙酮溶液中浸泡2次进行过渡处理，每次时长15 min；结束后依次用包埋剂和丙酮按照体积比1∶3、1∶1、3∶1配置的混合液以及纯包埋剂对样品分别进行长达3 h、3 h、6 h以及12 h的渗透处理。将渗透处理后样品用模具包埋起来，分别在45℃和60℃下恒温聚合24 h后完成包埋。包埋完成的样品寄送到科学指南针的广州测试中心进行后续的切片操作和透射电镜上机观察实验。

2.6.3 酶活性测试方法

在细菌的生长对数期，取适量的菌液在8 000 r/min离心10 min收集细胞；然后用PBS（50 mmol/L，pH值=7.2）洗涤3次后重新悬浮。利用超声细胞破碎仪对细菌重悬溶液在冰浴中进行时间间隔为5 s的间歇式超声破胞处理（4℃，20 kHz，10 min），将悬浮液在4℃、16 000 r/min离心10 min，收集的上清液，即为细胞提取物，用于后续的酶活测定。通过考马斯亮蓝法对细胞提取物中的总蛋白质浓度进行测定。

2.6.3.1 硝化反硝化功能酶活性测定

（1）周质硝酸盐还原酶（NAP）活性测定

将100 μL细胞提取物加入2 mL混合物Ⅰ的反应瓶中开启反应，反应30 min后测定$NO_2^- - N$浓度的生成量。混合物Ⅰ包括10 mmol/L的PBS（pH值=7.4）、5 mmol/L的$Na_2S_2O_4$、10 mmol/L的甲基紫精和1 mmol/L的KNO_3。硝酸盐还原酶的活性即为单位时间单位蛋白作用产生$NO_2^- - N$的量。

（2）亚硝酸盐还原酶（NIR）活性测定

将100 μL细胞提取物加入2 mL混合物Ⅱ的反应瓶中开启反应，反应30 min后测定生$NO_2^- - N$浓度的消耗量。混合物Ⅱ包括10 mmol/L的PBS（pH值=7.4）、5 mmol/L的$Na_2S_2O_4$、10 mmol/L的电子供体（甲基紫晶）和1 mmol/L的$NaNO_2$。亚硝酸盐还原酶的活性即为单位时间单位蛋白还原$NO_2^- - N$的量。NAP和NIR的活性以 mg-N／（L·min·mg-protein）表示。

2.6.3.2 代谢功能酶活性测定

（1）甲酸脱氢酶（FDH）活性测定

向含有 0.1 mol/L 的 2-羟基-1-乙硫醇的 5 mL 的 PBS（50 mmol/L，pH 值=7.2）溶液中依次加入 500 μL 的 1.67 mol/L 的甲酸钠溶液、500 μL 的 16.7 mmol/L 的 β-烟酰胺腺嘌呤二核苷酸（NAD^+）溶液和 500 μL 的细胞提取物。将混合体系置于 37 ℃ 恒温水浴中反应 1 h，然后在 340 nm 处测定生成的 NADH 的吸光度。以单位质量的蛋白单位时间内 OD 值变化 0.1 为一个活力单位 U，酶活力单位为 U／（min·mg-protein）。

（2）乳酸脱氢酶（LDH）活性测定

乳酸在 LDH 的催化作用下生成的丙酮酸可以与 2,4-二硝基苯肼反应形成在碱性条件下呈棕红色的丙酮酸二硝基苯腙。取 100 μL 的粗酶提取液加入 250 μL 的 pH 值为 8.2 的 HEPES-NaOH 基质缓冲溶液、50 μL 的辅酶Ⅰ（NAD^+）溶液，混匀。在 37 ℃ 的恒温水浴中反应 15 min 后加入 250 μL 的 2,4-二硝基苯肼并混匀，继续在 37 ℃ 水浴中反应 15 min，然后加入 2 500 μL 的 0.4 mol/L 的 NaOH 溶液，混匀，室温放置 3 min 后测定 440 nm 处溶液的吸光度。以不加辅酶Ⅰ溶液的测试管作为对照，标准管用 2 mmol/L 的丙酮酸代替粗酶溶液，标准空白管用蒸馏水代替。

（3）异柠檬酸脱氢酶（IDH）活性测定

将 300 μL 的 40 mmol/L 的 pH 值为 8.2 的 HEPES-NaOH 基质缓冲溶液、150 μL 的 800 μmol/L 辅酶Ⅰ（NAD^+）溶液、150 μL 的 800 μmol/L 的 $MnSO_4$ 溶液、1 050 μL 超纯水和 150 μL 的 2 mmol/L 的异柠檬酸钠混合均匀，取 100 μL 粗酶提取液加入上述混合液中于 37 ℃ 恒温水浴进行反应，30 min 后于波长 412 nm 处测定吸光度，酶活力单位为 U／（min·mg-protein）。

（4）NADH 脱氢酶活性测定

将 600 μL 细胞粗酶提取液加入 2 mL 包含 100 μmol/L 的

NADH，50 μmol/L 泛醌和 5 μmol/L 的嘧菌酯反应混合物中，通过 340 nm 下检测 NADH 的减少来衡量 NADH 脱氢酶的活性，酶活力单位为 U/（min·mg-protein）。

（5）琥珀酸硫激酶（STH）活性测定

取 200 μL 细胞粗酶提取液加入 2 mL 酶反应缓冲溶液（pH 值=7.6，100 mL mmol/L 磷酸盐、100 mmol/L $MgCl_2$、0.15 mmol/L 的琥珀酰辅酶 A、0.05 mmol/L 的 ADP、0.1 mmol/L 的 DTNB），25℃孕育 15 min，加入 20 mmol/L α-酮戊二酸开始反应，利用分光光度法测定 412 nm 处吸光度变化，酶活力单位为 U/（min·mg-protein）。

（6）氢化酶（Hase）活性测定

取 2 mL 细胞粗酶提取液加入 5 mL 的厌氧管中，用氮气吹脱 5 min，然后加入 0.2 mL 80 mmol/L 的甲基紫精，37℃水浴加热 15 min 后，再加入 0.2 mL 0.24 mol/L 的 $Na_2S_2O_4$ 溶液，继续反应 60 min 后，加入 0.2 mL 10% 的三氯乙酸溶液终止反应。反应完成后，抽取顶空气体测量 H_2 的生成量，酶活单位为 μmol H_2/（h·mg-protein）。

（7）复合物 II 活性测定

取 1.5 mL 磷酸钾溶液（0.1 mol/L，pH 值=7.4），1 mL 琥珀酸钠溶液（0.12 mol/L，pH 值=7.4）和 100 μL 的 0.9 mmol/L 的 2,6-二氯酚靛酚钠、100 μL 的 9 mg/mL 硫酸甲酯酚嗪以及 200 μL 蒸馏水混合均匀，置于 30 ℃水浴中保温 5 min，然后加入 0.1 mL 的粗酶提取液启动反应，在波长 600 nm 处测定反应 1 min 内的吸光度随时间的变化，即 2,6-二氯酚靛酚钠的还原速率。

2.6.3.3 电子转移系统活性的测定

INT 是一种外源性的电子受体，可以被电子传递系统还原为橙色的甲臜（INF），ETS 活性的测量是基于 INF 在 490 nm 处的吸光度与浓度满足朗伯比尔定律。具体过程如下：向 2 mL 细胞悬液中加入 100 μL 0.2 g/L 的 NADH 溶液和 40 μL 质量比为 0.5% 的 INT

溶液，将混合物置于 30℃ 恒温水浴中进行暗反应，30 min 后加入 100 μL 甲醛终止反应，以 10 000 r/min 的转速离心 3 min 后弃去上清液，得到呈现橙红色的细胞；随后，加入 2 mL 丙酮重悬细胞并从细胞中提取 INF，待细胞变为乳白色后，再次以 10 000 r/min 的转速离心 3 min，收集上清液并在 490 nm 波长处以溶剂为空白进行检测。最后，根据公式（2-1）计算 ETS 活性。

$$\text{ETS 活性}\left(\mu g\ O_2/\ (g\text{-protein}\cdot min)\right)=\frac{16\times ABS_{490}\times V}{15.9\times V_0\times T\times C_{pro}}$$

（2-1）

式中，ABS_{490} 为测得的吸光度；15.9 为 INT-INF 的吸收率；V_0 和 V 分别对应于细胞悬液和溶剂（丙酮）的体积（mL）；T 为孵育时间（本研究为 30 min），16 为 INT-INF（μmol）与 O_2（μg）之间的转化因子；C_{pro} 代表每毫升菌液中的蛋白质含量（mg/mL）。

2.6.3.4 ATP 酶和谷胱甘肽过氧化物酶活性的测定

ATP 酶和 GSH-PX 活性采用从南京建成购买的 ATP 酶活性检测试剂盒和 GSH-PX 活性检测试剂盒进行测定。在检测 ATP 酶活的过程中所用的器皿要确保完全无磷，反应过程中全部使用无磷水，避免磷污染。所有试剂盒于 4 ℃ 避光保存，溶液现配现用。

2.6.3.5 胞内 NADH 和 NAD$^+$ 的测定

NADH 的提取：将 1 mL OD_{600} 为 0.6 细胞悬液于 15 000 r/min 离心 1 min 收集沉淀细胞。用 500 μL 的 200 mmol/L 的 NaOH 重新悬浮沉淀，并置于 50℃ 恒温水浴中反应 10 min。随后，在冰浴上冷却至 0℃，然后加入 500 μL 的 200 mmol/L 的 HCl 进行中和。然后，将混合液在 4 ℃、15 000 r/min 离心 5 min 去除沉淀，并将中和的上清液转移到新的试管中用于后续测量。

NAD$^+$ 的提取：将 1 mL OD_{600} 为 0.6 细胞悬液于 15 000 r/min 离心 1 min 收集沉淀细胞。用 500 μL 的 200 mmol/L 的 HCl 重新悬

浮沉淀，并置于50℃恒温水浴中反应 10 min。随后，在冰浴上冷却至 0 ℃，然后加入 500 μL 的 200 mmol/L 的 NaOH 进行中和。然后，将混合液在 4 ℃、15 000 r/min 离心 5 min 去除沉淀，并将中和的上清液转移到新的试管中测量。

取 100 μL 中和的上清液、650 μL 蒸馏水和 1.2 mL 测试混合物混合，并加入 50 μL 的 500 U/mL 的乙醇脱氢酶开始反应，通过 MTT 酶循环法测量细胞内 NADH 或 NAD^+ 含量。测定反应 10 min 内的 570 nm 下的吸光度，每 30 s 测定 1 次，得到吸光度随时间变化的斜率，带入 NADH 或 NAD^+ 的标准曲线中，得到样品中 NADH 或 NAD^+ 的含量。测试混合物包含等体积的乙醇、EDTA（40 mmol/L，pH 值=8.0）、N,N-二羟乙基甘氨酸缓冲液（10 mmol/L，pH 值=8.0）、噻唑蓝（4.2 mmol/L）和两倍体积的吩嗪乙基硫酸盐（16.6 mmol/L）。

2.6.4 常规化学检测

2.6.4.1 不同形态的氮素测定

采用双波长紫外分光光度法测定 NO_3^--N 的含量；采用 N-(1-萘基)-乙二胺盐酸盐分光光度法测定生 NO_2^--N 的含量。通过等体积不同 OD_{600} 的细菌悬液经真空干燥 24 h 后，通过天平（精度为 1/100 000 g）称量获得细菌的干重（CDW），在细胞干重（CDW）和 OD_{600} 之间建立线性曲线（CDW = $0.436OD_{600}-0.114$），通过相关性曲线来计算微生物的 Bio-N。

2.6.4.2 土霉素定量测定

采用 Waters 高效液相色谱仪（HPLC，ACQUITY，美国）检测样品中土霉素的含量，其配有 C18 液相色谱柱（4.6 mm×250 mm，5 μm）和二极管阵列检测器。具体的色谱条件如下：进样体积 10 μL，柱温为 30 ℃，流动相为乙腈、超纯水和 0.01 mol/L 的草酸溶液（体积比为 67∶11∶12），流速为 1 mL/min，检测波长设置为355 nm，该条件下仪器对OTC的检测限为2 μg/L。

2.6.4.3 土霉素（OTC）降解产物分析

在反应的不同时间点进行取样混合，通过UPLC-Q-TOFMS（Micro）质谱仪（AcquityTM，Waters，USA）对降解中间产物进行鉴定和检测。色谱条件：C18色谱柱（2.1×50 mm，1.7 μm，Waters，USA），进样量为3 μL，流速为0.3 mL/min；流动相为0.1%乙酸（A）和乙腈（B）；采用梯度洗脱模式：10%~50%-B（0~2 min）；50%~70%-B（2~5 min）；70%-B（5~6 min）；70%~80%-B（6~7 min）；80%-B（7~9 min）；80%~10%-B（9~10 min）；10%-B（10~13 min）。质谱（MS）使用Masslynx4.1软件（Thermo Scientific）对数据进行处理，采用加热式电喷雾电离（HESI）源，在正离子（+）模式下进行测定，MS在50~3 000 Da范围内进行全扫采集。

2.6.4.4 胞外聚合物（EPS）的提取和检测

热处理可以通过增强分子、蛋白质和膜动力学加速EPS在提取液中的溶解，是一种温和有效的EPS提取方法。将4 mL的细胞浓缩液在4℃、4 000 r/min离心10 min收集细胞，并用0.9%的NaCl溶液洗涤两次并重新悬浮在40 mL 0.9%的NaCl溶液中。然后将重悬细胞置于40℃的水浴中加热30 min，之后，将细胞悬液再次离心（4 000 r/min，10 min，4℃），收集的上清液通过0.22 μm的滤头过滤以去除未沉降的细胞。滤液即为EPS提取物，置于4℃下储存用于以后的化学分析和电化学测量。EPS中的蛋白质和多糖含量分别采用考马斯亮蓝法和蒽酮—硫酸比色法进行测定。

2.6.5 荧光定量PCR测试

荧光定量PCR测试由上海生工生物工程股份有限公司进行分析。使用F27（5′-AGAGTTTGATCATGGCTCAG-3′）和R1492（5′-TACGGTTTACCT TGTTACGACTT-3′）作为细菌通用引物，通过聚合酶链反应（PCR）扩增 16S rRNA 基因。基因引物的信息如表 2-3 所示。功能基因的 PCR 定向扩增过程如下：95 ℃初始变性 5 min，94 ℃变性 30 s（35 个循环），56 ℃退火 30 s，之后在 72℃下延伸 30 s，在 72℃下最终延伸 10 min。根据 R-qPCR 反应结果中的 Ct 值，参照巫晓强[240]使用的 $2-\Delta\Delta Ct$ 法对功能基因 *napA*、*nirK/S*、*nosZ*、*cccA*、*nifS* 和 *luxS* 的 mRNA 相对表达量进行计算，纯菌对照组基因的相对表达量设定为 1。

表 2-3　qPCR 基因扩增引物[241]

基因	引物序列	扩增长度
16S	F：GGGTTGCGCTCGTTGC R：ATGGYTGTCGTCAGCTCGTG	202 bp
luxS	F：CGGATGGATGGCGTGATTGACTG R：CTTAGCAACTTCAACGGTGTCATGTTC	516 bp
nifS	F：TGGGAGGAGGGCAGGAA R：GGCTATCCCCAAACCAACAA	1094 bp
cccA	F：GGCAAGCTTGAGCTCCCCTTATTTTACTGAAAAATGATGTCATTTGC R：CGGGTACCGGATCCCTATTAATGGTGATGGTGATGGTGTTAATTTTTGA CACCCACTCTGCC	362 bp
napA	F：TCTGGACCATGGGCTTCAACCA R：ACGACGACCGGCCAGCGCAG	877 bp
nirS	F：CCTA（C/T）TGGCCGCC（A/G）CA（A/G）T R：CGTTGAACTT（A/G）CCGGT	890 bp
nosZ	F：CTCAAGGCGATGAAGCCA R：ATCACCTGACCGCTTTGGC	873 bp

2.6.6 跨膜质子梯度和膜电位的测定

2.6.6.1 跨膜质子梯度的测定

细菌的跨膜质子梯度的大小用细菌细胞质 pH（pH_{in}）与周质 pH（pH_{out}）的差值来表示。细胞周质 pH 与胞外环境的 pH 值相等，用 pH 计进行测定。细胞质 pH 采用捕获荧光法进行测定。首先，将 200 μL 的 20 μmol/L 的荧光指示剂 BCECF-AM 染料加入装有 2 mL 细菌悬液的离心管，然后充氮气 5 min 后密封，并用锡箔纸包裹试管置于恒温水浴中反应 4 h；其次，将样品在 8 000 r/min 离心 5 min，收集细胞沉淀并用与之前上清液 pH 值相同的矿物盐培养基进行重悬，分别测定激发波长为 440 nm 和 490 nm 下 535 nm 处的荧光强度。通过 EM535/EX490 与 EM535/EX440 比值来计算细菌的胞内 pH 值。

标准曲线的制作过程如下：将 8 mL 细胞悬液离心，收集的细胞用 8 mL 校准溶液重新悬浮并平均分成 4 份，并分别调节 pH 值至 6.2、6.7、7.1 和 7.7，然后各加入 200 μL 荧光指示剂 BCECF-AM（20 μmol/L），用与上述相同的染色方法处理，反应结束后测定 EM535/EM490 与 EM535/EM440。标准曲线用 EM535/EX490 与 EM535/EX440 的比值与 pH 值绘制。校准溶液中包含 120 mmol/L 的 KCl、10 mmol/L 的 NaCl、1 mmol/L 的 $MgCl_2$、10 mmol/L 的 HEPES 以及 25 mmol/L 尼日利亚菌素。细菌细胞在尼日利亚菌素的作用下胞内 pH 与胞外的环境 pH 值相等。

2.6.6.2 膜电位的测定

膜电位（MP）采用双（1,3-二丁基巴比妥酸）-三甲氧酚［$DiBAC_4$（3）］荧光染色法进行测定。具体流程如下：首先，取 200 μL 细胞浓缩液于 5 mL 离心管，然后加入 2 mL 的 10 mmol/L HEPES 缓冲液，最后向离心管中加入一定量的 $DiBAC_4$（3）溶液（确保最终浓度为 5 nmol/L）30 ℃恒温水浴中避光培养 40 min。随后,利用三维荧光光谱仪在激发波长为 488 nm 下,检测细胞悬浮液在发射波长 530 nm 处的荧光强度 (F_i)。其次,取 5 mL 细胞浓缩液在 8 000 r/min 离心 5 min,弃去上清液,然后加入 5 mL 固定混合液(0.1%戊二醛和 1%甲醇)在 4 ℃下固定 6 h;在 8 000 r/min 离心 5 min 收集固定后的细胞沉淀,然后洗涤两次,并用 5 mL 的 PBS 重悬。最后,取 200 μL 重悬液经相同的染色操作后,采用相同的荧光测量方法测定荧光强度,标记为 F_0。HEPES 缓冲液中除 HEPES 外,还含有氯化钠(8.18 g/L)、氯化钾(0.43 g/L)、氯化钙(0.11 g/L)、$MgCl_2$(0.10 g/L)和葡萄糖(1.8 g/L)。根据能斯特方程,膜电位($\Delta\Psi$)计算如公式(2-2)所示。

$$\Delta\Psi = \frac{RT}{F}\ln\frac{F_i}{F_0} \tag{2-2}$$

式中,R 为摩尔气体常数,8.314 J/(mol·K);T 为热力学温度(298 K);F_0 为法拉第常数,96 485 C/mol。

2.6.7 活性氢物种测定

运用电子顺磁共振波谱仪(Electron parameter resonance system,EPRS)技术,外加捕获剂 5,5-dimethyl-1-pyrroline N-oxide(DMPO)检测 OTC 降解体系中的活性氢 H*。EPR 测定在室温条件下进行,测试参数分别为:调制幅度 1 G,调制频率 100 kHz,时间常量 20 ms,2 次扫描,扫描时间 40 s,微波功率 20 mW,扫描宽度 200 G,中心场位置为 3 512 G,FrequencyMon 9.854 114 GHz。

2.7 电化学分析测试

使用单室三电极体系,以饱和甘汞电极(SCE)作为参比电极,铂丝电极作为辅助电极,修饰了 bio-Pd@Cells 的玻碳电极作为工作电极进行电化学测试。在测试前向电化学反应装置中通入氮气 15 min 以上，以保证厌氧环境，磷酸盐缓冲液被用作电解质进行电化学测试。

2.7.1 电化学交流阻抗

在电化学工作站中选取 A.C. Impedance 模式对 bio-Pd@Cells 进行 EIS 测试，测试的频率区间设置为 100 kHz 至 0.1 Hz，振幅设置为 5 mV。

2.7.2 循环伏安法

电极的制备：10 μL 细胞浓缩液（1×10^9 CFU/mL）被滴铸在玻碳电极与 10 μL 1% 的 Nafiona 溶液混合直至形成生物膜层，在无菌操作台中自然风干。具体的测试条件如下：扫描速率 10 mV/s，扫描范围 -0.8~0.8 V（SCE），初始电压 0.16 V。

在 0.02~2 V/s 的扫描速率范围内测量 CV 曲线，电位的扫描范围为 -0.8~0.8V。根据 Laviron 理论，峰值电位（E_p）为扫描速率（v）的函数如公式（2-3）所示。

$$E_p = \frac{RT}{\alpha nF}\ln\frac{k_0 RT}{\alpha n_t F} + \frac{RT}{\alpha n_t F}\ln v \qquad (2-3)$$

式中，n 为电子转移数；F 为法拉第常数，96 485 C/mol；R 为摩尔气体常数，8.314 J/(mol·K)；T 为热力学温度（298 K）；α 为传递系数，范围从 0 到 1；n 可以通过 E_p 和 $\ln v$ 的线性回归分析获得。

2.7.3 差分脉冲伏安法

在本研究中对纯菌和 bio-Pd@Cells 及其外部的 EPS 进行了 DPV 测试。具体的 DPV 测试条件如下：电位扫描范围，-0.8~0 V（SCE）；幅度，60 mV；脉冲宽度，0.2 s；电位增量，6 mV。

2.7.4 线性扫描伏安法

线性扫描伏安法（LSV）的电位的扫描范围为 -0.8~0.8 V，

扫描速率 0.04 mV/s。

2.7.5 恒电位计时电流 (I-t) 法

与上述测试不同，在 I-t 曲线的测试过程中，选择负载了细胞的碳毡作为工作电极。为测定微生物的胞外电子输出能力，在电解质溶液中加入 0.2 mmol/L 的电子供体，电压恒定控制在-0.2 V，测定电流随时间的变化曲线；当电子供体耗尽，反应体系的电流输出降低到一定值且稳定后，体系稳定后再次加入 0.2 mmol/L 的电子供体，继续记录电流随时间的变化。为测定微生物的胞外电子摄取能力，在电解质溶液中加入 0.2 mmol/L 的延胡索酸，电压恒定控制在-0.6 V，测定电流随时间的变化曲线；当延胡索酸耗尽，反应体系的电流响应降低到一定值且稳定后，再次向体系稳定后加入 0.2 mmol/L 的延胡索酸，继续记录电流随时间的变化。

在添加呼吸抑制剂的 I-t 曲线的测试过程中，首先，将适量的空白培养基加入反应装置中，电压恒定控制在-0.2 V，待电流输出稳定后，向反应体系中添加 0.4 mL 的纯菌浓缩液，记录电流随时间的变化直到趋于稳定；其次，继续向反应体系中添加 0.4 mL 的 bio-Pd@Cells 细胞浓缩液，记录电流随时间的变化；待电流趋于稳定后，向反应体系中加入适量的不同抑制剂储备液，记录电流随时间的变化。

2.7.6 供电子能力测试

采用介导电化学氧化法（Mediated electrochemical oxidation，MEO）对不同 pH 值条件下 bio-Pd@Cells 的供电子能力进行定量分析。将电压设置为 0.61 V，在恒电压下进行测定。首先，将 40 mL 的反应缓冲溶液添加到反应器中，鼓入氮气确保无氧条件后启动电化学测试程序，得到 I-t 曲线，待电流输出平稳后，向反应体系中注入 0.4 mL 的 10 mmol/L 的 ABTS，立即产生一个较高的氧化电流响应。随后，电流随时间的延长逐渐降低，待反应电流回到基线且达到稳定,表明体系内的介导剂全部被氧化。此时,向反应体系中添加 0.4 mL 的 bio-Pd@Cells 浓缩液(蛋白质含量为 9.7 μg),又一次产生氧化电流并随时间的延长降低并稳定至基线附近。此时,再向反应体系中添加 0.4 mL 的 bio-Pd@Cells 浓缩液,如此循环 4 次,得到 bio-Pd@Cells 得失电子的过程中的时间电流曲线。对 bio-Pd@Cells 产生的响应电流峰进行积分得到峰面积,并用峰面积与蛋白浓度进行线性分析,斜率即为 bio-Pd@Cells 的供电子能力,单位为 $\mu mol-e^-/mg-protein$。

2.8 动力学模型

2.8.1 生物钯合成动力学模型

考虑到该反应体系中的产物 Pd^0 具有极高的催化活性,能够对 Pd(Ⅱ)的还原起到一定的自催化作用,因此如公式(2-4)所示,该反应体系中的 Pd(Ⅱ)的还原包括 Pd(Ⅱ)的生物还原和原位生成的 Pd^0 的自催化还原[242]。$k_{Pd,1}$ 和 $k_{Pd,2}^*$ 分别是生物还原过程和自催化反应过程的反应速率常数。其中,$k_{Pd,2}^*$ 是表观速率常数 $k_{Pd,2}$ 与系统中 Pd^0 的量的乘积[如公式(2-5)所示]。公式中每一个参数的定义和单位如表 2-4 所示。

$$-\frac{d[Pd(Ⅱ)]}{dt} = k_{Pd,1} \cdot [Pd(Ⅱ)] + k_{Pd,2}^* \cdot [Pd(Ⅱ)] \quad (2-4)$$

$$k_{Pd,2}^* = k_{Pd,2} \cdot [Pd^0] \quad (2-5)$$

表 2-4 动力学模型中的参数定义及单位

参数	定义	单位
[Pd(Ⅱ)]	反应时间 t 时刻 Pd(Ⅱ)的残余浓度	mg/L
[Pd^0]	[Pd^0]的合成浓度	mg/L

(续表)

参数	定义	单位
$k_{Pd,1}$	微生物生物还原 Pd（Ⅱ）的反应速率常数	min
$k_{Pd,2}$	原位形成的 Pd^0 自催化 Pd（Ⅱ）的还原表观速率常数	L/(mg·min)
$k_{Pd,2}^*$	原位形成的 Pd^0 自催化 Pd（Ⅱ）的还原速率常数	min

2.8.2 Haldane 模型

Haldane 模型常用来描述存在有毒底物时菌体生长和底物降解的动力学过程，如公式（2-6）所示。

$$\mu = \frac{q_{max}S}{K_s + S + (\frac{S^2}{K_I})} \qquad (2-6)$$

式中，μ 为基质比降解速率，h；q_{max} 为基质的最大比降解速率，h；S 为基质浓度，mg/L；K_s 为半饱和常数（数值越小，表示底物与微生物的反应亲和力越大），mg/L；K_I 为毒性抑制常数（数值越小，表明毒性和抑制作用越强）。

2.8.3 吸附降解模型

污染物的降解速率与系统中的可用污染物浓度呈线性关系，如公式（2-7）所示。

$$\frac{-dC}{dt} = k\lambda C \qquad (2-7)$$

式中，t 为反应时间，h；C 为 t 时刻污染物在溶液中的总残留浓度，mg/L；λ 为时系统中可利用的污染物与总残余污染物的浓度比值，λ 与 t 的函数关系如公式（2-8）所示。

$$\lambda = \lambda_0 e^{-at} \qquad (2-8)$$

式中，a 为可用性系数（h）；λ_0 为 $t=0$ 时 λ 的值。将公式

(2-8) 代入公式 (2-7) 后,得到最终的公式 (2-9)。

$$\frac{-dC}{dt} = k \lambda_0 C e^{-at} = k' C e^{-at} \quad (2-9)$$

式中,k' 为降解速率常数,h。

2.9 热力学分析

(1) 活化能计算

根据阿伦尼乌斯公式计算反应活化能,如公式 (2-10) 所示:

$$k_{obs} = A e^{-E_a/RT} \quad (2-10)$$

式中,k_{obs} 为速率常数,s;R 为摩尔气体常数,8.314 J/(mol·K);T 为热力学温度 (K),E_a 是表观活化能;A 是阿伦尼乌斯常数。

(2) 吉布斯自由能计算

吉布斯分解代谢能 (ΔG,kJ/mol) 根据以下公式进行计算[243]:

$$\Delta G = -\frac{1}{3} q_G^{max} \gamma e^{\frac{-69\,000}{R}(\frac{1}{T}-\frac{1}{298})} \quad (2-11)$$

$$q_G^{max} = m_G + \mu_{max} \Delta G_{dis} \quad (2-12)$$

$$\Delta G_{dis} = 200 + 18(6-n)^{1.8} + e^{[(3.8-\gamma)^2]^{0.16}(3.6+0.4n)} \quad (2-13)$$

$$m_G = 4.5 \times e^{\frac{-69\,000}{R}(\frac{1}{T}-\frac{1}{298})} \quad (2-14)$$

式中,ΔG_{dis} 为异养生长耗散能,kJ/mol;n 为有机碳源中的碳原子个数 (如若氮源为葡萄糖,n 则为 6);γ 为葡萄糖的还原程度 ($\gamma=4$);m_G 为维持系数,kJ/(C-mol biomass·h);q_G^{max} 表示吉布斯自由能的最大产生速率,kJ/h。

第三章 B. megaterium 原位合成生物钯的自催化还原动力学及合成机理研究

3.1 引言

钯（Pd）作为一种贵金属，资源分布有限，但由于其较高的催化活性，在能量转换和有机合成等工业应用中的需求量持续增加，因此钯回收成为一个亟须解决的问题，也因此成为广大学者的研究热点。尤其是微生物驱动的金属回收过程被认为与贵金属矿石和纳米颗粒的自然形成有关，受到了研究者的关注。

许多细菌已经被证实可以在细胞内（Desulfovibrio fructosivorans 和 Enterococcus faecalis）或细胞表面（如 Shewanella、Geobacter 和 Cupriavidus 等）将 Pd（Ⅱ）还原为 Pd^0 纳米颗粒[244,245]。细菌原位合成的 bio-Pd^0 不仅拥有与化学合成的商业钯相当的催化性能，能够有效催化多种污染物的还原或降解（如六价铬、偶氮染料和氯化烃）[236]，而且还具有较高的生物相容性、柔性和可塑性，且制备过程生态友好。细菌已经进化出不同的机制在细胞外和细胞内合成 bio-Pd^0，但多数的研究都集中于电活性菌的模式菌株（革兰氏阴性菌 S. oneidensis）。尽管 S. oneidensis MR-1 能够为 Pd（Ⅱ）离子吸附与 bio-Pd^0 纳米粒子的成核生长提供大量的位点，并通过氢化酶和 c 型细胞色素等参与 Pd（Ⅱ）还原，但在不同的研究中氢化酶和细胞色素在生物纳米粒子合成中的作用尚未有定论。例如，Dundas 等[246]认为 Pd（Ⅱ）还原以及 bio-Pd^0 在细菌膜上的沉积位点由细胞色素控制，与氢化酶无关。相反地，Ng 等[247]则提出氢化酶而非细胞色素在 Pd（Ⅱ）的还原过程中扮演着重要的角色，即

S. oneidensis 中的甲酸脱氢酶（FDH）和氢化酶能够催化甲酸产氢，利用产生的氢气还原 Pd（Ⅱ）离子。而 Yang 等[245]则证明以甲酸盐为电子供体时，*S. oneidensis* MR-1 的 NADH 脱氢酶和氢化酶均能促进 bio-Pd^0 形成。甲酸盐的电子可以通过 FDH、NADH 脱氢酶、醌池和细胞色素依次转移到吸附在外膜上的 Pd（Ⅱ）离子上，实现 bio-Pd^0 的胞外合成；此外，在 FDH 和氢化酶的催化作用下，甲酸产生的氢气则有助于在周质空间中形成 bio-Pd^0。此外，胞外聚合物（EPS）由于含有丰富的氧化还原物质也被认为能够参与胞外纳米粒子的合成。由此可见，微生物驱动的纳米粒子的合成机制十分复杂性，探究纳米粒子生物合成的动态过程和分子机制十分必要。

在我们之前的研究中已经筛选出了一株能够在厌氧条件下利用 Pd（Ⅱ）快速合成 bio-Pd^0 的革兰氏阳性菌 *B. megaterium* Y-4，但前期的研究仅证明了氢化酶参与了 Pd（Ⅱ）的生物还原并且 Pd（Ⅱ）的生物还原速率受电子供体的影响极大，并未涉及对 Pd（Ⅱ）还原合成 bio-Pd^0 纳米粒子的动态过程、还原机制以及电子供体影响 Pd（Ⅱ）还原的内部机理的探究[248]。因此，在本研究中，基于前期研究基础，进一步分析了 Pd（Ⅱ）还原的动力学过程，并通过 TEM 对不同 bio-Pd^0 负载量的细胞中 bio-Pd^0 粒径和沉积位点进行表征，推测了 bio-Pd^0 纳米粒子在细胞内合成的动态过程；同时采用细胞逐级分离实验、灭活实验以及抑制实验等阐述了 bio-Pd^0 的生物合成机理以及电子供体对 *B. megaterium* Y-4 合成 bio-Pd^0 路径的调控机制，为微生物驱动的金属纳米粒子的合成过程与机制提供了新的见解，并为其在工业和环境中的应用提供指导。

3.2 生物钯纳米粒子的成功合成

以甲酸钠作为电子供体，利用 *B. megaterium* Y-4 还原

Na_2PdCl_4 合成 bio-Pd^0 纳米粒子过程中 Pd（Ⅱ）浓度随时间的变化如图 3-1 所示。

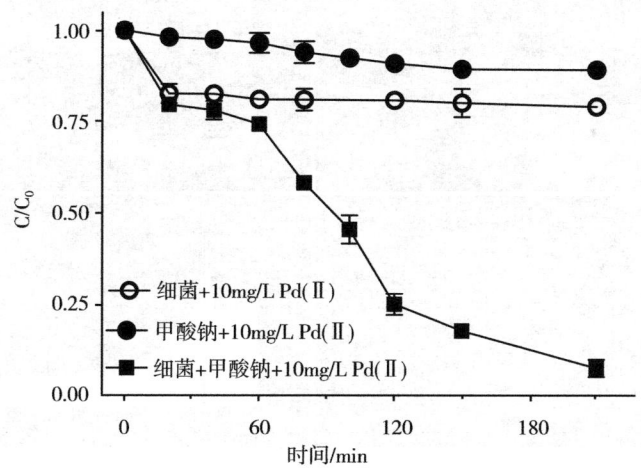

图 3-1　实验组和对照组中 Pd（Ⅱ）浓度随时间的变化曲线

如图 3-1 所示，在反应开始的最初 20 min 内观察到 Pd（Ⅱ）浓度的快速下降，在未添加甲酸钠的对照实验中也观察到类似的实验现象，表明这是电负性微生物对 Pd（Ⅱ）的表面吸附作用的结果。之后，随着反应的进行，实验组的反应体系中形成了肉眼可见的黑色固体颗粒。而在未接种细菌的非生物对照组实验中，在 12 h 内 Pd（Ⅱ）浓度下降不到 5%，远低于实验组（约 84.53%±2.53%），并且未观察到不溶性黑色沉淀，表明黑色颗粒的形成是一个生物介导的过程。此外，合成的黑色颗粒能够均匀地分散在溶液中，说明该固体颗粒具有较高的热力学稳定性，这是由于微生物表面的有机质能够提供大量还原和吸附位点，同时能够降低颗粒的表面能，无须引入稳定剂或分散剂即可提高纳米粒子的稳定性，这进一步凸显了生物法在纳米粒子合成中的重要意义[120]。

如图 3-2 所示，从 FMSEM 谱图中能够清晰地看到，反应前

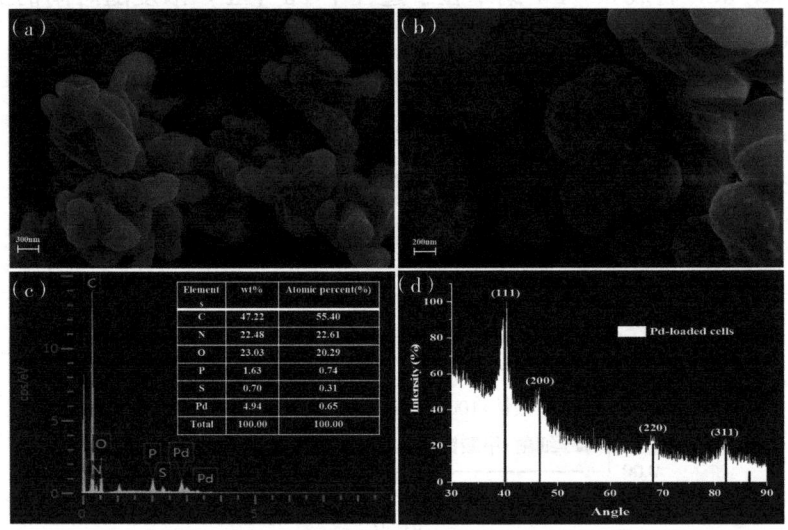

图 3-2 生物钯纳米粒子的表征
(a) 和 (b): 场发射扫描电子显微镜谱图; (c): 能量散射 X 光谱图; (d): X 射线衍射光谱图

$B.\ megaterium$ Y-4 表面光滑平整,而反应结束后 $B.\ megaterium$ Y-4 的表面均匀分布了一些强导电性的纳米颗粒,尺寸在 20~50 nm。进一步通过细胞生物切片 TEM 谱图(图 3-3)能够看出,在细胞的周质空间内分布着黑色的纳米粒子;并且随着 Pd(Ⅱ)暴露浓度的升高,bio-Pd^0 纳米粒子的暴露比逐渐增大,合成位点增多,粒径更大且分布更紧密。特别地,只有在 Pd(Ⅱ)暴露浓度为 10 mg/L 时,在细菌的细胞质中才观察到明显的黑色纳米颗粒的生成(图 3-3c2),并且相比于周质空间的纳米颗粒,细胞质中的纳米颗粒粒径更小,且分布更均匀,这是由于细胞质中的液体黏度较高(~11 cP),流动性较差,阻止了细颗粒在细胞质中的生长和流动,有效避免了纳米粒子的聚集[249]。Liu 等[249]在利用 $Pantoea$ IMH 合成生物纳米金的研究过程也观察到细胞质中的纳米金要远小于胞外合成的纳米粒子。考虑到纳米粒子的成核和生长，不同部位的纳米粒子的大小能够反映出纳米粒子合成顺序的先后，不同尺寸的纳米粒子是其动态生长的结果。在本研究中，纳米粒子首先在细胞的外表面合成，其次是细胞的壁膜间隙，最后出现在细胞质中。并且在所有的暴露浓度下均未观察到细胞膜破裂以及细胞变形的现象，进一步表明原位合成的 bio-Pd^0 具有较好的生物相容性。而在 Nair 等[250] 的研究过程中由于金属还原机制的差异则观察到不同的实验现象，他们发现乳酸杆菌在培养 12 h 后在胞外空间合成了 20~50 nm 的黑色颗粒，但细菌轮廓中的生物纳米颗粒却达到了约 100 nm，他们推测这是由于胞外的小纳米颗粒穿过细胞壁在细胞质内结合形成了大的纳米微晶。

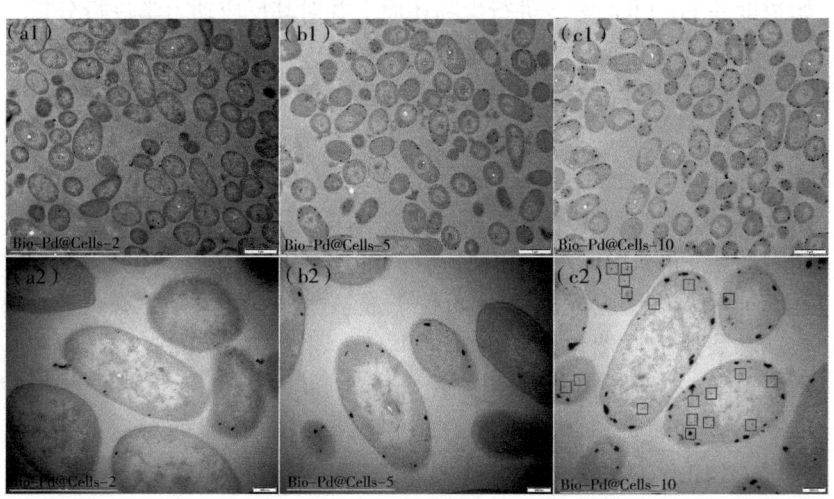

图3-3 在不同 Pd（Ⅱ）溶液中制备的 bio-Pd@Cells 的透射电镜图
(a)：2 mg/L；(b)：5 mg/L；(c)：10 mg/L

对微生物表面的元素进行 EDS 分析，结果显示：微生物的表面含有 4.94% 的 Pd 元素。进一步通过 XRD 光谱对黑色颗粒的组成和结构尺寸进行分析，与并 Pd^0 的 XRD 谱图标准卡片（PDF#：

89-4897XRD）的进行比对，结果显示：合成的黑色颗粒在 $2\theta =$ 40.0°、46.7°、68.1°和 81.7°处出现了明显的吸收峰，分别对应 Pd^0 纳米颗粒的（111）、（200）、（220）和（311）晶面，这与之前报道的其他微生物制备的钯纳米粒子的结果相一致[248]。以上的表征结果证实了以 *B. megaterium* Y-4 为载体，通过微生物的还原作用能够成功将 Pd（Ⅱ）还原为 Pd^0 纳米颗粒，且制备的钯催化剂具有高稳定性和生物相容性。

3.3 基于生物还原和自催化反应的生物钯合成动力学

为进一步揭示 bio-Pd^0 的合成过程，利用 *B. megaterium* 对不同初始浓度的 Pd（Ⅱ）溶液进行生物还原，并对其反应动力学进行分析。

如图 3-4a 所示，将细菌对 Pd（Ⅱ）的生物吸附去除作用排除后，Pd（Ⅱ）的还原过程明显呈现两个阶段，反应初期 Pd（Ⅱ）浓度缓慢降低（称为停滞阶段），而反应后期 Pd（Ⅱ）还原速率加快（称为快速还原阶段）。并且，随着初始 Pd（Ⅱ）浓度从 3 mg/L 增加到 15 mg/L，反应初期的停滞期逐渐缩短。并且，随着初始 Pd（Ⅱ）浓度和反应时间的增加，Pd（Ⅱ）的还原速度逐渐加快。该反应模式与纳米粒子成核生长过程中缓慢的初始成核期和快速的自催化生长期非常类似。考虑到 Pd^0 的高催化活性，推测反应初期通过生物作用缓慢合成的 bio-Pd^0 可以进一步催化甲酸产氢，进而促进 Pd（Ⅱ）的还原，即 bio-Pd^0 可对后续的 Pd（Ⅱ）还原产生自催化作用（图 3-5），类似的实验现象在之前的研究中也有报道[242]。

利用调整后的包括生物还原和自催化还原在内的动力学模型对 Pd（Ⅱ）的还原过程进行拟合，如图 3-4b 所示，拟合相关性系数均高于 0.9，说明该模型对 Pd（Ⅱ）的还原过程具有良好的适用性。对拟合参数进行分析能够发现，在反应开始时，生物还原占主导地位（图 3-4d），且 Pd（Ⅱ）的生物还原速率与 Pd（Ⅱ）的

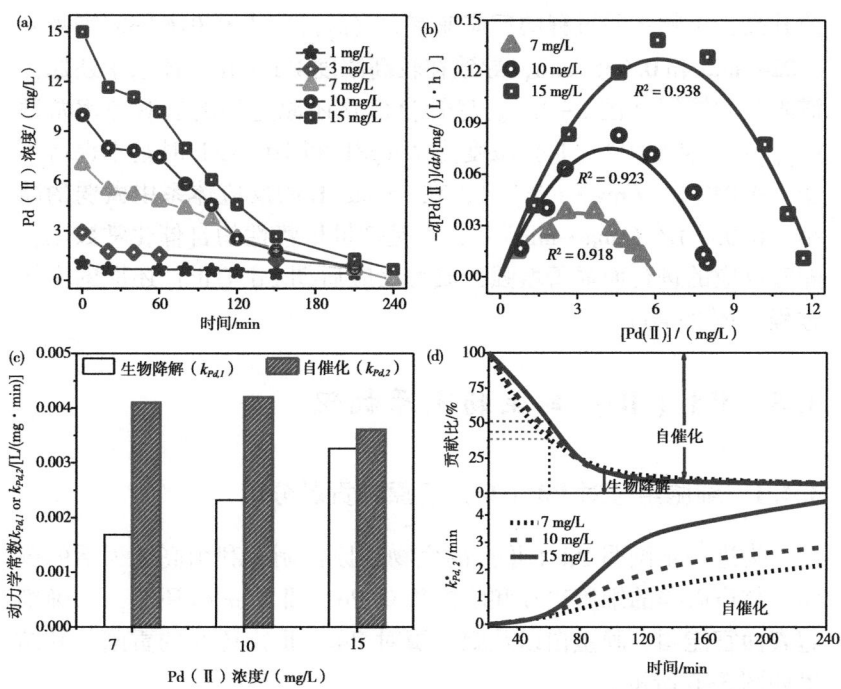

图 3-4 不同初始 Pd（Ⅱ）浓度条件下的生物还原及其反应动力学

（a）：不同初始 Pd（Ⅱ）条件下，Pd（Ⅱ）浓度随时间的变化曲线；（b）：不同浓度 Pd（Ⅱ）还原的动力学模型拟合；（c）：不同初始 Pd（Ⅱ）浓度下，生物还原速率和自催化速率常数的比较；（d）：生物作用与自催化作用的贡献分布以及自催化反应速率随时间的变化曲线

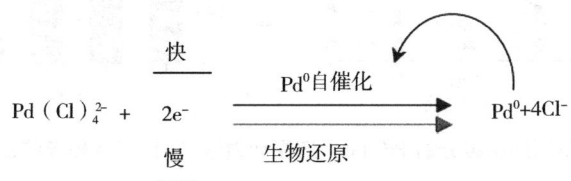

图 3-5 bio-Pd⁰ 纳米粒子合成过程

暴露浓度呈显著正相关关系（图 3-4c）。随着初始 Pd（Ⅱ）浓度

的升高，生物还原过程的反应速率数（$k_{Pd,1}$）由 0.016/min 增加到 0.024/min 和 0.035/min，导致在较高浓度 Pd（Ⅱ）体系中还原停滞阶段的缩短（图 3-4a）。尽管自催化还原过程的表观速率常数（$k_{Pd,2}$）在初始 Pd（Ⅱ）浓度为 7 mg/L 和 10 mg/L 时基本保持不变［0.042 L/（mg·min）］，在 15 mg/L 的反应体系中微弱的减小［0.037 L/（mg·min）］，但是剂量依赖性的自催化常数 $k_{Pd,2}^*$ 随着反应的进行而显著增强，成为反应后期 Pd（Ⅱ）还原的主导过程（图 3-4d）。

3.4 Pd（Ⅱ）的生物还原机理

3.4.1 细胞组分对 Pd（Ⅱ）还原的贡献分析

为进一步阐明 Pd（Ⅱ）的生物还原机制，利用高温灭活的菌体、超声破碎的细胞碎片和胞内酶对 Pd（Ⅱ）进行还原，明确细胞表面官能团、膜蛋白以及胞内酶对 Pd（Ⅱ）还原的贡献，其结果如图 3-6 所示。

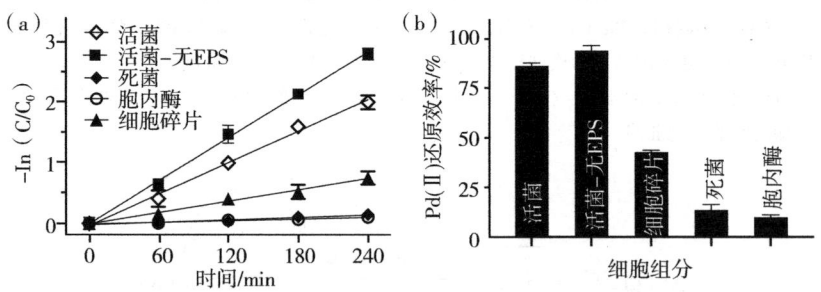

图 3-6 不同细胞组分的 Pd（Ⅱ）还原动力学（a）以及相应的去除率（b）

利用高温灭活后的菌体对 Pd（Ⅱ）进行还原，结果显示，反应 4 h 的 Pd（Ⅱ）的去除率大约为 13.79%，并且离心后的菌体由浅黄色变为灰黄色，说明细胞表面的一些还原性基团可能参与了

Pd（Ⅱ）的吸附与还原过程。为了进一步确定参与 Pd（Ⅱ）吸附与还原的官能团，收集与 Pd（Ⅱ）反应前后的细胞进行红外光谱分析，结果如图 3-7 所示。负载 bio-Pd^0 后，-C-O-H 基团的 δ-OH+v（C-O）的伸缩振动峰向低波数位置偏移（从 1 082/cm 偏移至 1 073/cm）；同时，酰胺Ⅰ的 C=O 伸缩振动峰（1 638/cm）、饱和 C-H 伸缩振动峰（2 866/cm）和不饱和 C=C 的伸缩振动峰（3 061/cm）随着 bio-Pd^0 的引入向高波数方向偏移，分别转变为 1 655/cm、2 872 cm 和 3 094/cm，说明 C=O、OH、C-H 和 C=C 均能够与 Pd（Ⅱ）进行结合[249]。特别的是，856/cm 和 920/cm 处对应于 C-O-C 伸缩振动和 PO_2^- 的对称扭转振动的吸收峰在 bio-Pd@Cells 中消失，并且 δ-CH_2 对称弯曲振动峰（1 313/cm）和胺（或酰胺）的 N-H 伸缩振动峰（3 189/cm）也随着 bio-Pd^0 纳米颗粒的形成而消失；同时，羧酸盐中的 COO^- 对称伸缩振动（1 401/cm）以及不饱和双键=CH 和=CH_2（2 800~3 000/cm）的伸缩振动峰强度明显减弱。这些结果表明，C-O-C、P=O、C-H 能够为 Pd（Ⅱ）提供较多的结合位点，而氨基、缩醛基以及双键等还原性基团则是 Pd（Ⅱ）的主要还原位点，从而实现了 Pd（Ⅱ）在细胞表面的吸附和还原[248]。而在 3 650~3 200/cm 区间内 -OH 伸缩振动相关的吸收峰强度显著增强，这是由于 Pd（Ⅱ）在溶液中以 Pd$(OH)_4^{2+}$ 的形式稳定存在，吸附在细菌表面的 Pd$(OH)_4^{2+}$ 导致了羟基吸收峰的增强。

利用细胞质中溶解性的还原酶对 Pd（Ⅱ）进行还原过程中，Pd（Ⅱ）的还原速率非常缓慢，反应速率常数为 0.013/min，4 h 的 Pd（Ⅱ）还原效率仅达到了 13.96%，略高于非生物对照组的降解效率，说明细胞质中的功能酶对 Pd（Ⅱ）的还原作用极其微弱，这与仅在高浓度 Pd（Ⅱ）溶液中暴露的细胞质内观察到 bio-Pd^0 的结果相一致。

利用超声破碎的细胞碎片对 Pd（Ⅱ）进行还原，在短时间内观察到了明显的黑色颗粒的生成，4 h 的 Pd（Ⅱ）还原效率达到了

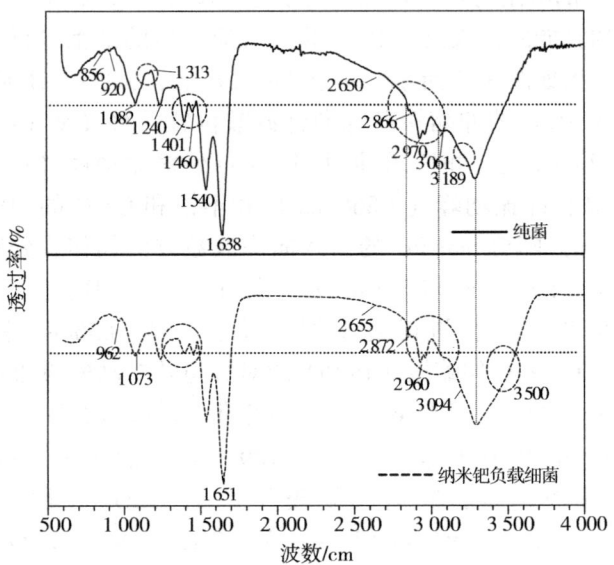

图 3-7 纯菌与 bio-Pd@Cells 的傅立叶红外谱图

42.94%，结合周质空间中较多的纳米颗粒的分布，表明细胞碎片及膜结合蛋白参与了 Pd（Ⅱ）的还原，但是其还原速率远低于比较完整的细胞（86.46%），说明有其他 Pd（Ⅱ）还原路径存在。

3.4.2 胞外电子传递介导 Pd（Ⅱ）生物还原

细胞的胞外呼吸作用在金属的还原脱毒过程中扮演着举足轻重的作用。为验证 B. megaterium 是否具有胞外电子输出能力，进一步通过电化学工作站测试 B. megaterium Y-4 在以乳酸或甲酸为唯一电子供体，固体电极为唯一电子受体下的恒电位计时电流曲线。如图 3-8 所示，在乳酸和甲酸为唯一电子供体的 Pd（Ⅱ）还原体系中，随着微生物的代谢活动的发生，输出的正向响应电流逐渐增大，待电子供体耗尽后，随着微生物代谢活动的减弱，响应电流快速下降，说明该微生物具有胞外电子呼吸能力，能够将胞内代谢产生的电子传递到胞外[82]。

如图 3-9（a-c）所示，相比于原始完整细胞。EPS 的剥离后微生物 DPV 曲线中氧化还原峰电流显著增强，表明剥离 EPS 层后微生物的胞外电子传递效率明显提升。进一步利用剥离 EPS 层的细胞进行 Pd（Ⅱ）还原实验，结果显示细胞在去除 EPS 层后的 Pd（Ⅱ）还原效率（94.22%）明显高于包裹 EPS 的完整细胞（86.46%），结果证明胞外电子传递参与了 Pd（Ⅱ）的胞外还原。

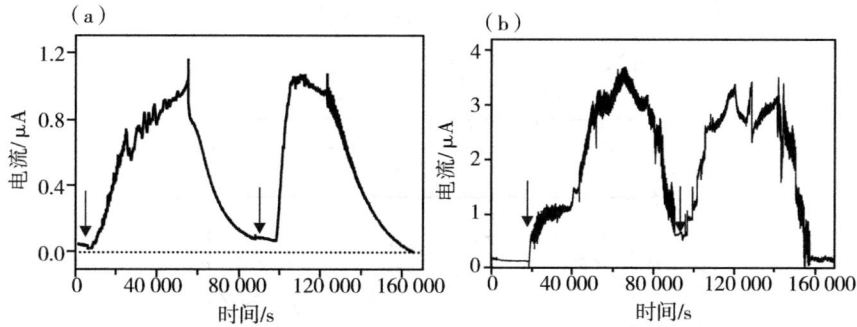

图 3-8　不同电子供体下 *B. megaterium* Y-4 的恒电位计时电流曲线
（a）：甲酸钠；（b）：乳酸钠；箭头处表示向反应体系中添加甲酸盐或乳酸盐

进一步对 Pd（Ⅱ）还原过程中的胞外电子传递机制进行分析。如图 3-9a 所示，在 DPV 曲线中，在 E_P = -116 mV/-224 mV、-432 mV/-416 mV 和 -532 mV/-526 mV（阳极/阴极）处检测到 3 对氧化还原对峰。Xiao 等[251]曾报道细胞色素的氧化还原峰出现在 0~200 mV，游离核黄素的氧化还原峰位落在 -400 mV 左右，而 FMN 的氧化还原峰大致位于 -600~-500 mV。由此可知，细胞色素（Cyts）、游离核黄素（RF）和黄素单核苷酸（FMN）参与了 *B. metagerium* 对 Pd（Ⅱ）的生物还原过程。不同于 Carlson 等[186]报道的细胞色素介导的 DET 过程和游离黄素介导的 MET 过程是革兰氏阳性菌株中单独存在的两种胞外电子转移过程，本研究中细胞色素和黄素类物质的氧化还原峰的同时检出证明细胞色素介导的 DET 和黄素小分子介导的 MET 途径在 *B. megaterium* Y-4 胞外电子传递过程中共存,并且都参与了 Pd（Ⅱ）的还原过程。

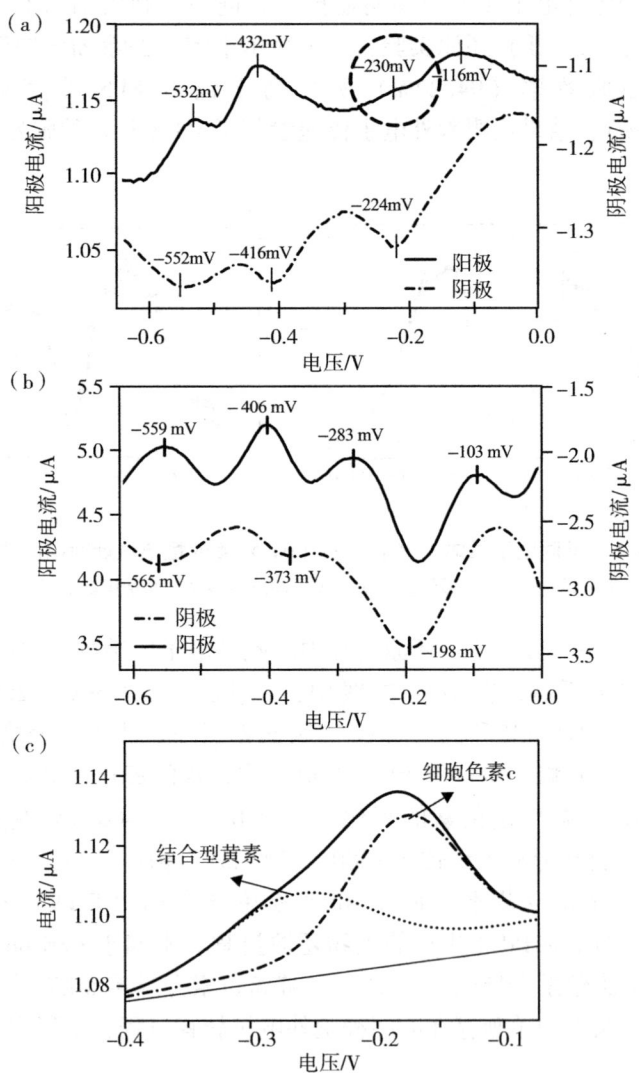

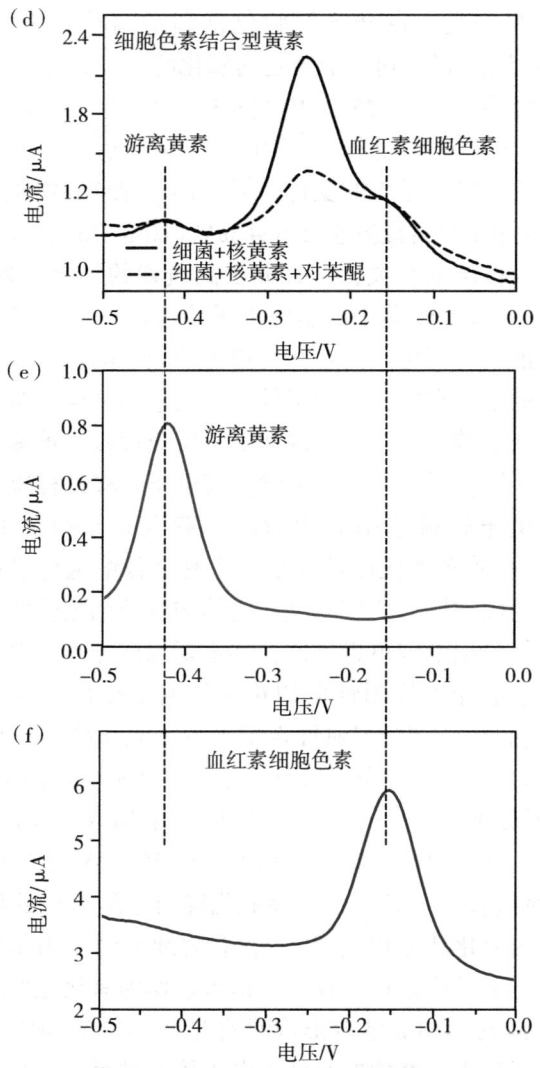

图 3-9 Pd（Ⅱ）还原过程中的生物细胞的 DPV 测试曲线

(a) 和 (c)：完整细胞；(b)：去除 EPS 的细胞；(d)：完整细胞+RF 以及完整细胞+RF+苯甲醇）；(e)：纯的 1 μmol/L 的核黄素；(f)：1 μmol/L 的血红素细胞色素

出乎意料的是，在介于细胞色素和游离核黄素氧化峰之间（约-230 mV 处）观察到一个突起的氧化峰，经过分峰结果进一步确定了氧化峰的峰位为-257 mV（图3-9c）。令人惊讶的是，在外加 1 μmol/L 的核黄素的反应体系中培养 24 h 后，对应游离黄素的氧化峰电流并未发生显著的变化，但 Ep = -257 mV 处氧化峰的峰电流从 1.154 μA 显著提升至 2.524 μA（图3-9d），证明-257 mV 处的氧化峰与核黄素有关，但并非游离黄素的氧化过程。Okamoto 等[163]曾在革兰氏阴性菌中的胞外电子传递过程中观察到类似的氧化峰，并且证明该氧化峰的存在与作为辅因子的黄素与阴性菌的外膜细胞色素的结合有关，代表了外膜细胞色素结合型黄素介导的氧化过程。不同于游离黄素介导的 2 电子反应过程，黄素辅因子能够与细胞色素 c 结合形成结合型黄素，其电子转移过程遵循 1 电子反应机制，其电子转移速率大约为游离黄素介导的 2 电子反应的 $10^3 \sim 10^5$ 倍。尽管革兰氏阳性菌缺乏含有多种细胞色素蛋白的外膜结构，但革兰氏阳性菌的细胞壁孔道结构以及细胞壁的表面存在丰富的细胞壁结合型细胞色素蛋白，其主要的成分为多血红素细胞色素（MHCs），在革兰氏阳性菌的跨膜的电子转移过程中扮演着非常重要的角色[255]。结合多血红素细胞色素氧化峰的检出，我们推测 MHCs 结合型黄素介导的新的胞外电子传递过程参与了 Pd（Ⅱ）的还原过程。进一步，向反应体系中加入 1.0 mmol/L 的半醌自由基抑制剂苯甲醇，结果显示 Ep =-257 mV 处的峰值电流下降了 23.21%（图3-9d），证明该氧化峰与半醌形式的核黄素向氧化态核黄素的氧化转化相关[163,256]，有力地证明了 MHCs 结合型黄素介导的一电子反应路径的存在，即黄素作为氧化还原辅因子，可以与细胞表面的 MHCs 结合形成具有半醌结构的 MHCs 结合型黄素，并参与革兰氏阳性菌的胞外 1 电子传递过程。这是首次在革兰氏阳性菌的胞外电子传递过程中报道细胞色素结合型黄素的参与，为 B. megaterium Y-4 比大多数革兰氏阳性胞外呼吸菌展示出更强的胞外电子传递能力提供了合理的解释（表3-1）。

表 3-1 不同革兰氏阳性胞外呼吸菌的胞外电子输出性能对比

革兰氏阳性胞外呼吸菌	功能组分	阳极/阴极电流/μA	电流密度/($\mu A/cm^2$)	参考文献
Bacillus megaterium LLD-1	核黄素	0.15/-0.23	—	[252]
	细胞色素 c	0.14/-0.15	—	
Bacillus subtilis WS-XY1	核黄素	0.12/—	—	[253]
Yeast Pichia stipitis	核黄素	0.09/—	—	
Enterococcus faecalis	—	—	23.4 ± 0.9	[188]
Paenibacillus dendritiformis	—	—	21.3	[254]
B. megaterium Y-4	FMN	1.181/-1.322	56.62	—
	核黄素	1.173/-1.367		
	细胞色素 c	1.137/-1.371		
	MHC 结合型黄素	1.156/—		

3.4.3 碳源调控 Pd（Ⅱ）还原路径

之前的一些研究已经证明细菌可以通过氢化酶和细胞色素 c 介导的生物过程提高 Pd（Ⅱ）的还原效率，并且氢化酶在其中扮演着非常重要的角色。而在 Yang 等[245]的研究中进一步探究了 Pd（Ⅱ）还原过程中一些关键功能酶扮演的具体角色，发现除能利用甲酸脱氢酶和氢化酶产生的氢气对 Pd（Ⅱ）在周质空间进行还原外，希瓦氏菌还可以利用甲酸脱氢酶产生的 NADH 经过 NADH 脱氢酶，醌池和细胞色素依次将电子转移给吸附在外膜上的 Pd（Ⅱ）离子在胞外合成 bio-Pd^0，首次证明了 NADH 脱氢酶在 Pd（Ⅱ）还原过程中的重要角色。

考虑到甲酸代谢是乳酸代谢的一部分，因此我们推测在乳酸作

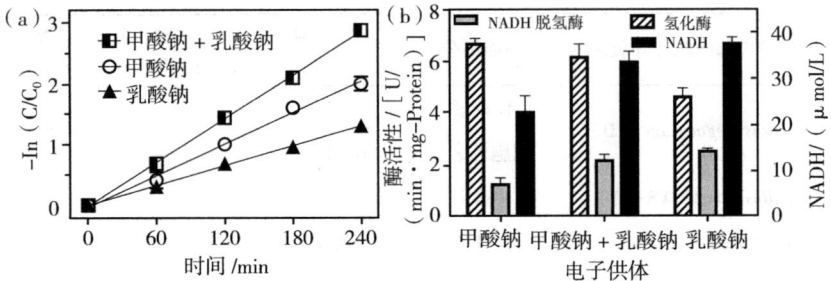

图 3-10 电子供体对 Pd（Ⅱ）还原（a）和胞内氢化酶和 NADH 脱氢酶活性以及 NADH 水平（b）的影响

为电子供体的条件下，bio-Pd^0 的合成可能也遵循上述两条不同的反应路径。之前大量的研究结果已经研究了不同电子供体（乳酸盐、乙酸盐、甲酸盐、葡萄糖以及丙酮酸等）对 Pd（Ⅱ）还原的影响，并且由于具有较短的代谢路径以及较高产氢性能，甲酸盐被一致认为是最优的电子供体[248]。尽管在本研究中也得到了类似的结论（图 3-10a），相比于乳酸体系（72.88%），甲酸盐体系中的 Pd（Ⅱ）还原速率明显更高（86.61%），但是在加入等摩尔质量的甲酸盐和乳酸盐混合物（摩尔比 1∶1）时，Pd（Ⅱ）的还原速率显著提高，4 h 的还原效率达到了 98.13%，高于纯的甲酸盐体系。进一步对不同反应体系中的胞内 NADH 水平、NADH 脱氢酶和氢化酶的活性进行检测，如图 3-10b 所示，尽管相比于纯甲酸盐体系，甲酸盐—乳酸盐混合体系中的氢化酶活性略微降低了 5.7%，但混合体系中的 NADH 水平和 NADH 脱氢酶的活性分别显著提高了 71.31% 和 47.85%。比较纯甲酸盐体系和乳酸盐体系中的 NADH 水平，能够发现相比于甲酸盐（25.16 μmol/L），同等摩尔质量的乳酸盐能够产生更多的 NADH（39.87 μmol/L），这使得混合反应体系在保证甲酸供应同时，又提高了胞内的 NADH 水平，从而加速了基于 NADH 脱氢酶、醌池和细胞色素 c 电子传递路径的胞外 Pd（Ⅱ）还原过程。

为进一步验证上述猜想，如图 3-11 所示，向不同的反应体系中添加 NADH 脱氢酶抑制剂，结果显示：辣椒素的添加导致甲酸盐和乳酸盐反应体系的 Pd（Ⅱ）还原过程被明显抑制，2 h 的 Pd（Ⅱ）还原效率由 86.61% 和 72.88% 分别下降为 63.53% 和 27.36%，可以看出乳酸盐体系中 Pd（Ⅱ）还原抑制率（62.46%）明显高于甲酸盐体系（26.64%）。此外，向反应体系中额外添加 50 μmol/L 的 NADH 后，甲酸盐和乳酸盐体系的 Pd（Ⅱ）还原效率均有所提升，但在乳酸盐体系中 Pd（Ⅱ）还原效率的提升幅度更大，表明基于 NADH 脱氢酶的电子传递路径是乳酸盐体系中 Pd（Ⅱ）生物还原主导过程。

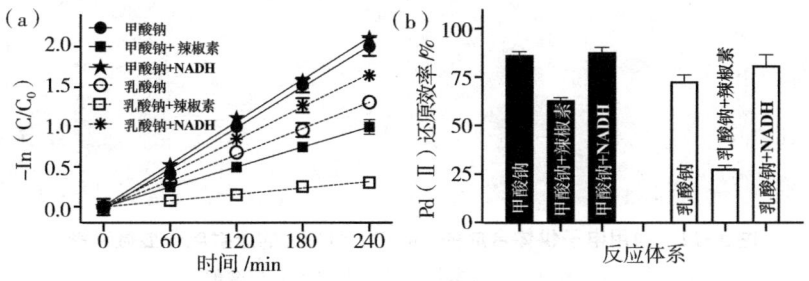

图 3-11 外加 NADH 或 NADH 脱氢酶抑制剂下 Pd（Ⅱ）的还原

进一步结合 TEM 图片能够发现（图 3-12）：在乳酸盐体系中胞外合成的纳米颗粒明显多于胞内，而在甲酸盐体系中合成的纳米颗粒则主要分布在周质空间。这些结果表明：在乳酸盐体系中，Pd（Ⅱ）更多地通过 NADH 脱氢酶、醌池和细胞色素 c 这条电子传递路径在胞外被还原；而甲酸盐作为电子供体时，利用甲酸脱氢酶和氢化酶催化形成氢气是 Pd（Ⅱ）还原的主导路径，导致更多的 bio-Pd⁰ 沉积在周质空间。因此，在甲酸盐—乳酸盐的混合体系中，尽管生物产氢速率略有降低，但是细菌通过 NADH 脱氢酶、醌池等的胞外电子传递速率大幅度提高，导致胞外 Pd（Ⅱ）还原速率的明显提升，降低了胞内纳米粒子的沉积量，从而缓解了纳米粒子的生物毒性效应。并且，在 I-t 曲线测试中（图 3-8），以乳酸钠为电子供体时，细菌所产生的胞外呼吸电流（3.972 μA）远高于甲酸钠体系（1.143 μA），为上述结论提供了更有力的支撑。

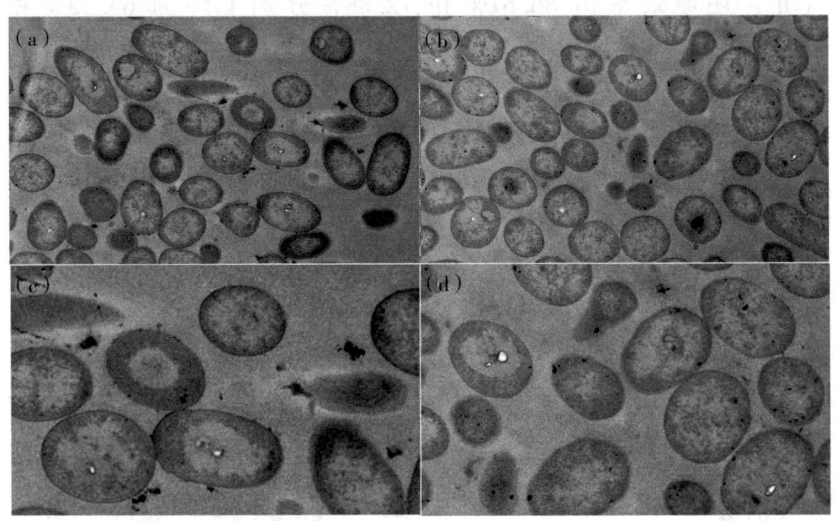

图 3-12　利用电子供体合成的 bio-Pd@Cells 的透射电子显微镜图
(a) 和 (c)：乳酸钠；(b) 和 (d)：甲酸钠

3.5　本章小结

本章实验利用 *Bacillus megaterium* Y-4 在厌氧条件下还原 Pd（Ⅱ）成功合成 bio-Pd^0，分析了 Pd（Ⅱ）还原的动力学过程，探究了 Pd（Ⅱ）的生物还原机理以及电子供体对 *B. megaterium* Y-4 的胞外电子传递效率及路径的影响，主要结论如下：

（1）XRD、SEM 以及 TEM 的表征结果。厌氧条件 *B. megaterium* Y-4 能够在细菌的细胞表面、壁膜间隙以及细胞质内成功合成高稳定性和高生物相容性的 bio-Pd^0 纳米颗粒，并且从胞外空间到细胞质，纳米粒子尺寸逐渐减小。

(2）动力学分析结果。Pd（Ⅱ）的还原过程是一个生物还原与自催化还原相耦合的过程。反应初期生物还原作用占主导，反应后期则以 bio-Pd^0 的催化还原为主。并且随着 bio-Pd^0 负载量的增加，生物还原和自催化反应速率均明显提高。

(3）壁膜间隙和胞外空间是合成纳米粒子的主要场所。除胞内酶、膜蛋白以及细菌表面的还原性官能团（氨基、缩醛基以及不饱和双键等）的还原作用外，B. megaterium Y-4 胞外电子呼吸也参与了 Pd（Ⅱ）的生物还原。

(4）在 B. megaterium Y-4 的胞外电子传递过程中，细胞色素 c 介导的直接电子传递以及游离核黄素介导的间接电子传递机制共存；并且首次在革兰氏阳性菌中发现了结合型黄素介导的快速的 1 电子反应过程，是对革兰氏阳性菌胞外电子转移机制的重要补充，为提高革兰氏阳性菌的电子转移速率提供了新思路。

(5）在 B. megaterium Y-4 体内，生物产氢还原与胞外呼吸还原路径共存。尽管以甲酸盐为电子供体时，生物产氢还原路径占主导，更多的纳米粒子在周质空间被合成，但是在乳酸盐体系中，细菌的胞内 NADH 水平大幅提高，刺激了以 NADH 脱氢酶为起点的胞外电子呼吸过程，导致更多的 Pd（Ⅱ）在胞外还原。

第四章 生物钯强化好氧反硝化的胞内电子传递机理研究

4.1 引言

由于化肥的过度使用以及养殖废水、生活污水和工业废水中氮素的大量排放，全球的氮循环过程已大大超出了水体的承受范围，水华、赤潮等水污染问题频发，氮素污染已成为一个亟须解决的问题[257]。好氧反硝化菌因含有能够在好氧条件下正常表达的周质硝酸还原酶（Periplasmic nitrate reductase，NAP），能够利用硝酸盐和 O_2 作为终端电子受体进行协同呼吸，直接将硝酸盐转化为 N_2。由于克服了传统生物脱氮工艺中硝化过程和反硝化过程对溶氧、碳源以及 pH 条件的需求差异等缺陷，且具有较短的世代周期，代谢快等优势，而受到广大学者的青睐[241]。但在实际运行过程中，其反硝化效率很大程度上取决于电子传递效率以及电子对硝酸盐的选择性，提高微生物的电子传递效率和协同呼吸条件下电子对硝酸盐的选择性对提高好氧反硝化效率具有非常重要的意义。

许多研究表明，金属纳米粒子的引入可以通过加速电子转移来增强微生物代谢过程[258]，例如，Pd^0、Cu/Pd、FeS、Ni/Pd、Fe_2O_3。其中，生物纳米粒子由于具有较高的热力学稳定性、生物相容性和尺寸依赖性的溶解效应，被广泛应用于生物合成和污染治理过程中来加速微生物的电子传递。然而，大多数研究都集中在纳米粒子对革兰氏阴性菌 EET 途径的影响和调控。Wu 等[121]于 2011 年首次提出 bio-Pd^0 可以发挥类似于膜结合细胞色素 c3 的作用，作为电子管道参与 *D. desulfuricans* 的 EET，并推测纳米粒子可以作为生物衍生的电子载体参与微生物代谢。Wu 等[220]证明低负载剂量下，微生物可以利用合成的生物金纳米粒子修复 ΔOmcA/MtrC 突变体中电子转移链的损伤。Deng 等[82]发现硫酸盐还原菌 *D. vulgar* 可以在细胞内/细胞外或细胞表面合成 FeS 纳米颗粒，并且 FeS 能够作为有效的 EET 通道参与胞外电子传递。而 You 等[259]证实菌株 SgZ-5T 合成的钯纳米棒可以促进核黄素合酶介导的胞外电子呼吸。我们之前的实验还证明，*C. freundii* 合成的 bio-Pd⁰ 可以触发核黄素和 c-Cyts 的分泌，促进间接胞外电子传递[260]。

目前，对于革兰氏阳性菌的电子传递机制的研究相对缺乏。革兰氏阳性菌株 *T. potens* JR 无法分泌或释放可溶性氧化还原活性组分，只能通过 DET 将电子转移到 MFC 阳极，其中细胞壁相关的细胞色素和多血红素 c 型细胞色素（MHC）参与革兰氏阳性菌的跨膜电子传递[214]。Wu 等[253]和 You 等[252]证明革兰氏阳性芽孢杆菌 LLD-1 和 WS-XY1 只能通过游离黄素介导的 2 电子机制进行胞外呼吸。截至目前，革兰氏阳性菌 EET 的作用机制尚未明确，纳米粒子在革兰氏阳性菌的胞内电子传递和 EET 过程中的作用均未见报道。

一些研究表明，单金属 Pd⁰ 纳米粒子不能催化硝酸盐向亚硝酸盐的还原，但可以催化亚硝酸盐还原为氮气或铵，其催化选择性取决于多种因素。Zhou 等[261]发现 Pd⁰ 纳米材料外源加入生物反硝化系统可以显著提高反硝化效率，并选择性地将亚硝酸盐还原为 N_2，而且氧气的引入可以提高这种亚硝酸盐还原选择性且不会对硝酸盐生物还原产生负面影响。基于此，将好氧反硝化与 Pd⁰ 纳米粒子耦合是一种有效且环保的硝酸盐去除策略。

在第三章中，已经证明革兰氏阳性菌 *B. megaterium* Y-4 能够在细胞内外合成 bio-Pd⁰。因此，在本章研究中，通过 *B. megaterium* Y-4 原位 bio-Pd⁰ 纳米粒子来强化 *B. megaterium* Y-4 的好氧反硝化性能，并结合动力学、热力学、电化学分析和分子生物学阐明生物 bio-Pd⁰ 在好氧反硝化过程中胞内电子传递的介导机制。

这些观测结果有助于深入了解 bio-Pd⁰ 介导的脱氮系统中微生物电子传输机制，这对纳米材料在环境和生物能源领域的应用具有重要的指导意义。

4.2 生物钯促进好氧反硝化反应动力学

利用纯菌和钯负载细胞（bio-Pd@Cells-L 和 bio-Pd@Cells-H）进行好氧反硝化过程中，不同种类的氮素含量随时间的变化如图 4-1（a-c）所示。类似于 Lv 等[262]的研究结果（即纳米颗粒的引入可以引起细胞生长对数期的推迟），在成功负载 bio-Pd⁰ 后，bio-Pd@Cells-L 和 bio-Pd@Cells-H 的生长停滞期从 3 h 分别延长到 8 h 和 10 h，但其相应的对数生长期的生长速率（即 bio-N 的积累速率）却由 0.138/h 显著提高至 0.175/h 和 0.146/h；同时硝酸盐去除速率由 9.179 mg/(L·h) 提升到 13.28 mg/(L·h) 和 12.21 mg/(L·h)，亚硝酸盐的积累量由 8.13 mg/L 降低至 5.97 mg/L 和 3.92 mg/L，说明 bio-Pd⁰ 的介入加快了反应体系中的硝酸盐还原、亚硝酸盐还原和氮同化过程。

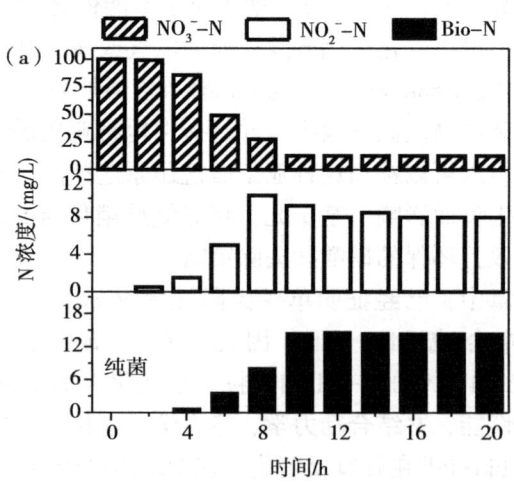

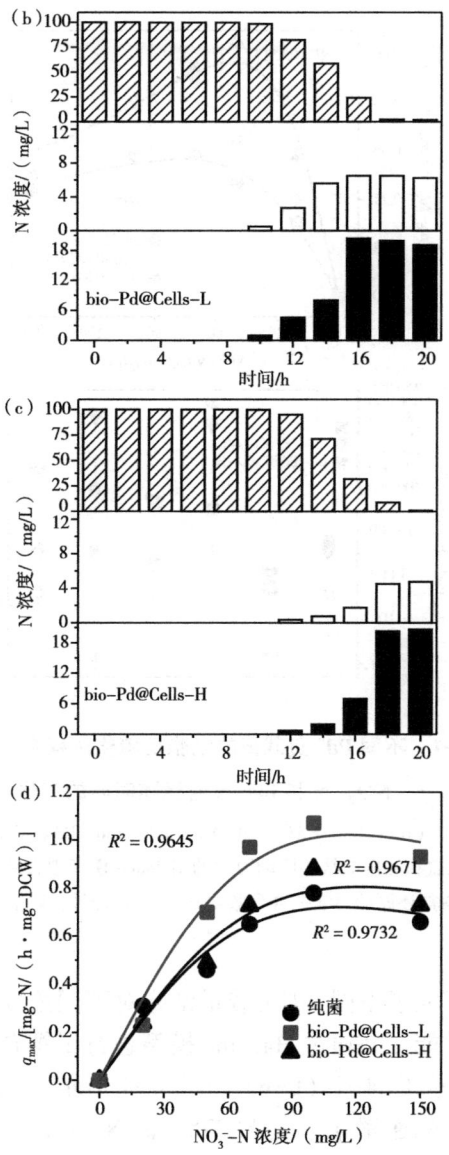

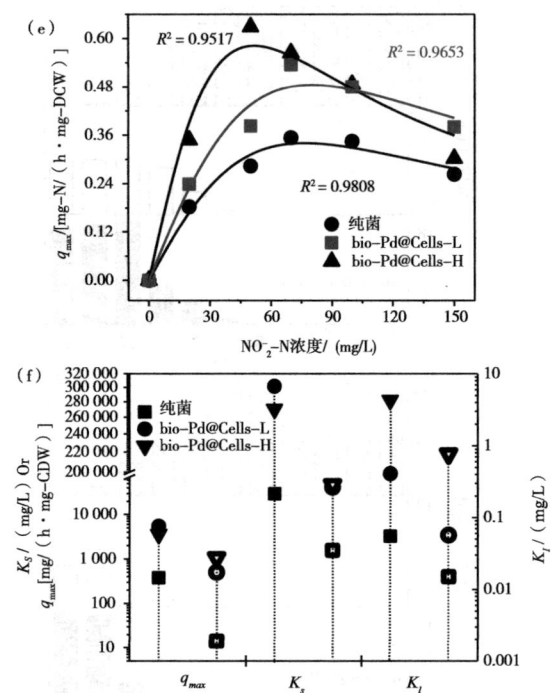

图 4-1 不同 Pd^0 负载量的细胞反硝化过程中，$NO_3^- $-N、$NO_2^- $-N 和 bio-N 含量随时间的变化

（a）：纯菌；（b）：bio-Pd@Cell-L；（c）：bio-Pd@Cell-H；（d）和（e）：硝酸盐和亚硝酸盐还原动力学的 Haldane 模型拟合结果；（f）：硝酸盐和亚硝酸盐还原动力学拟合参数对比（实心符号：硝酸盐；空心符号：亚硝酸盐）

进一步探究了不同 Pd^0 负载量细胞对不同浓度的硝酸盐和亚硝酸盐的脱氮性能，并通过 Haldane 模型进行了拟合分析，动力学实验及拟合结果如图 4-1（b-d）和表 4-1 所示。纯菌进行硝酸盐还原的最大比去除速率 q_{max, NO_3^-} 为 378 mg-N/（h·mg-CDW），亲和力常数 K_S 为 29 505 mg/L，毒性抑制常数 K_I 为 0.055 mg/L；而在亚

第四章 生物钯强化好氧反硝化的胞内电子传递机理研究

硝酸盐体系中，最大比去除速率 q_{max,NO_2^-} 为 14.16 mg-N/（h·mg-CDW），亲和力常数 K_S 为 1 560 mg/L，抑制常数 K_I 为 0.015 mg/L。在硝酸盐体系中相对较大的 q_{max}/K_S 和 K_I 表明硝酸盐对 *B. megaterium* 具有较高的亲和力和较低的抑制作用，即硝酸盐反硝化作用比亚硝酸盐反硝化作用更具优势。

与纯菌相比，bio-Pd@ Cells-L 和 bio-Pd@ Cells-H 的 q_{max,NO_3^-} 分别增加到 5 453 mg-N/（h·mg-CDW）和 3 571 mg-N/（h·mg-CDW）。同样，q_{max,NO_2^-} 也提高至 502 mg-N/（h·mg-CDW）和 1 060 mg-N/（h·mg-CDW）。值得注意的是，随着 bio-Pd^0 的引入，亚硝酸盐系统中 q_{max} 的增加更加显著，导致以硝酸盐为唯一氮源的实验中亚硝酸盐积累显著下降，说明 bio-Pd^0 可以选择性催化亚硝酸盐还原。并且，无论硝酸盐还是亚硝酸盐作为氮源，尽管 bio-Pd@ Cells-L 和 bio-Pd@ Cells-H 的 K_S 值均高于纯菌，但由于比去除速率的增幅更大，在 bio-Pd@ Cells 中观察到了更大的 q_{max}/K_S 值。此外，在硝酸盐系统中，bio-Pd@ Cells-L 的 q_{max}/K_S 为 0.0181，高于 bio-Pd@ Cells-H（0.0138），这与在亚硝酸盐系统中 q_{max}/K_S 值随 bio-Pd^0 负载量的增加而增加的结果相反。此外，亚硝酸盐系统的 K_I 值（0.77 mg/L）远低于硝酸盐系统，并且在 bio-Pd^0 存在下，硝酸盐和亚硝酸盐的 K_I 值均显著增高，说明 bio-Pd^0 能够提升细胞与基质间的反应亲和力，降低基质对细胞的毒性抑制作用。

表 4-1 不同反应条件下的动力学参数对比

细菌	q_{max}/ [mg/ (h·mg-CDW)]		K_S/ (mg/L)		K_I/ (mg/L)		q_{max}/K_S	
	NO_3^-	NO_2^-	NO_3^-	NO_2^-	NO_3^-	NO_2^-	NO_3^-	NO_2^-
纯菌	378	14.16	29 505	1 560	0.055	0.015	0.012 8	0.009 1
Bio-Pd@ Cells-L	5 453	502	301 469	41 508	0.41	0.057	0.018 1	0.012 1
Bio-Pd@ Cells-H	3 571	1 060	270 232	47 165	4.3	0.77	0.013 8	0.022 5

4.3　生物钯提高硝酸盐和亚硝酸盐还原热力学自发性

热力学分析可以提供更多有关微生物代谢过程的信息，进一步基于耗散理论对反硝化过程中的吉布斯自由能进行计算，如图4-2 (a-b) 所示。纯菌进行硝酸盐还原和亚硝酸盐还原反应的吉布斯自由能分别为-51.93 kJ/mol和-50.18 kJ/mol，说明通过硝酸盐或亚硝酸盐进行的生物反硝化反应是自发的，在热力学上是有利的。并且，随着bio-Pd⁰的介入，硝酸盐还原的ΔG进一步降低为-55.44 kJ/mol（bio-Pd@Cells-L）和-58.96 kJ/mol（bio-Pd@Cells-H）。类似地，亚硝酸盐还原的ΔG也发生了明显的下降，分别为-77.68 kJ/mol（bio-Pd@Cells-L）和-96.12 kJ/mol（bio-Pd@Cells-H）。硝酸盐和亚硝酸还原反应的吉布斯自由能随bio-Pd⁰剂量的增加显著降低，表明bio-Pd⁰能够提高硝酸盐和亚硝酸盐的还原反应的热力学自发性。Liu等[243]探究了氧化还原材料对微生物能量供应、分配和利用的影响，发现氧化还原电位相对较低的纳米材料可以改变分解代谢反应的吉布斯自由能。

为了进一步探索bio-Pd⁰对氮代谢的影响，在4种不同温度下（296 K、301 K、306 K和311 K）测定了纯菌和bio-Pd@Cells去除硝酸盐和亚硝酸盐的表观速率常数（k_{obs}），采用伪一级动力学模型对其进行拟合计算，结果如图4-3所示。通过对$\ln k_{obs}$和1/T进行线性拟合分析，获得不同反应体系中硝酸盐和亚硝酸盐还原反应的平均活化能（图4-2）。研究结果显示：硝酸盐还原反应的活化能随着bio-Pd⁰的引入从67.42 kJ/mol降低至53.44 kJ/mol和52.66 kJ/mol，分别下降20.7%和21.89%，而亚硝酸盐还原反应的活化能则发生了更显著的下降，从76.75 kJ/mol到46.20 kJ/mol和48.10 kJ/mol，分别下降37.46%和39.80%。但是随着bio-Pd⁰剂量的进一步增加，反应活化能并未显示出明显的差异。

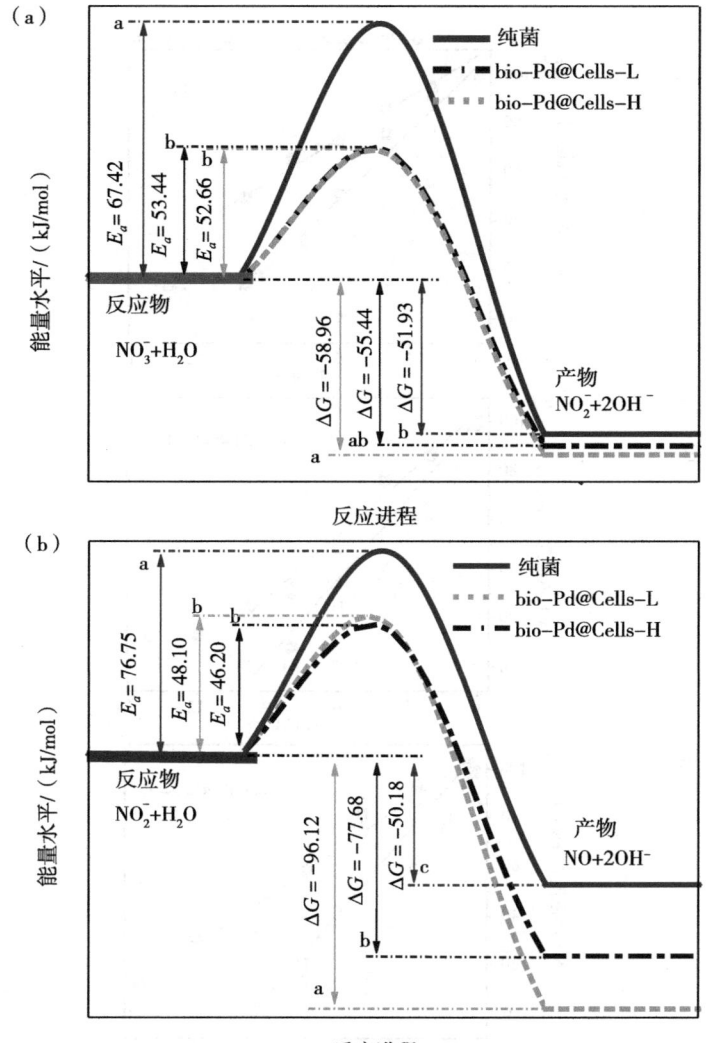

图 4-2 在不同的反应体系中（a）硝酸盐与（b）亚硝酸盐还原的反应活化能和吉布斯自由能

不同的字母表示数据之间存在显著的差异性（$p<0.05$）

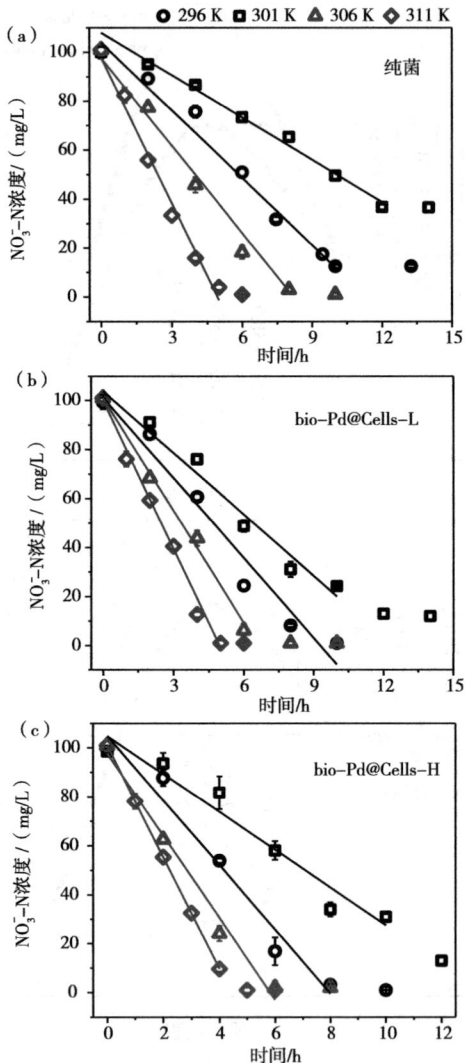

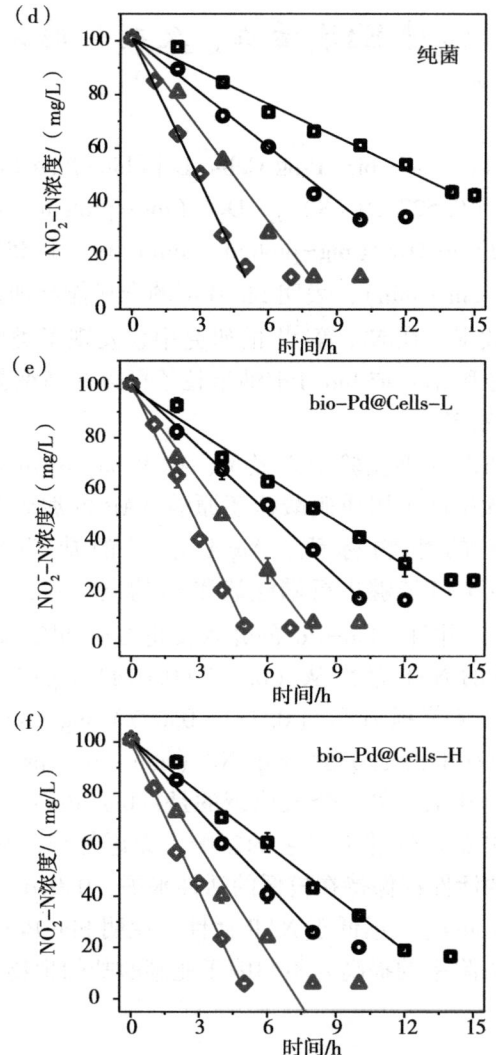

图4-3 不同温度条件下硝酸盐和亚硝酸盐还原的伪一级动力学分析

4.4 生物钯对 ETS 活性、反硝化酶活性和基因丰度的影响

如图 4-4a 所示，bio-Pd@Cells-L 和 bio-Pd@Cells-H 的 ETS 活性分别从 (0.527 ± 0.08) g-O_2/(mg-protein·min) 增加到 (0.701 ± 0.12) g-O_2/(mg-protein·min) 和 (1.352 ± 0.005) g-O_2/(mg-protein·min)，表明 bio-Pd^0 的合成能够加速胞内呼吸链的电子传递效率。在 Niu 等[233]的研究中也发现了类似的现象，即利用恶臭假单胞菌合成 bio-Pd^0 纳米粒子可以提高细菌的 TTC-ETS 和 INT-ETS 效率。

另外，PCR 扩增实验结果显示，在 B. megaterium Y-4 的基因片段中成功地扩增了周质硝酸盐还原酶 NAP 的编码基因。作为好氧反硝化菌的生物标识，NapA 基因的成功扩增证实了 B. megaterium Y-4 能够进行硝酸盐和 O_2 协同呼吸，即具有好氧反硝化能力[241]。并且，bio-Pd^0 的介入使得 bio-Pd@Cells-L 和 bio-Pd@Cells-H 的 NAP 活性从 (0.187 ± 0.074) mg-N/(min·mg-protein) 分别显著提升至 (0.782 ± 0.097) mg-N/(min·mg-protein) 和 (0.473 ± 0.056) mg-N/(min·mg-protein)，比纯菌分别高 3.2 倍和 1.7 倍。令人惊讶的是，bio-Pd^0 的介入对亚硝酸盐还原酶 NIR 的活性并无显著的影响，无论是纯菌还是 bio-Pd@Cells，NIR 的活性都保持在较低的活性水平，0.076~0.091 mg-N/(min·mg-protein)，远低于 NAP 活性，说明 bio-Pd@Cells 体系中的亚硝酸盐去除率的提高并不归因于亚硝酸盐的生物反硝化过程。

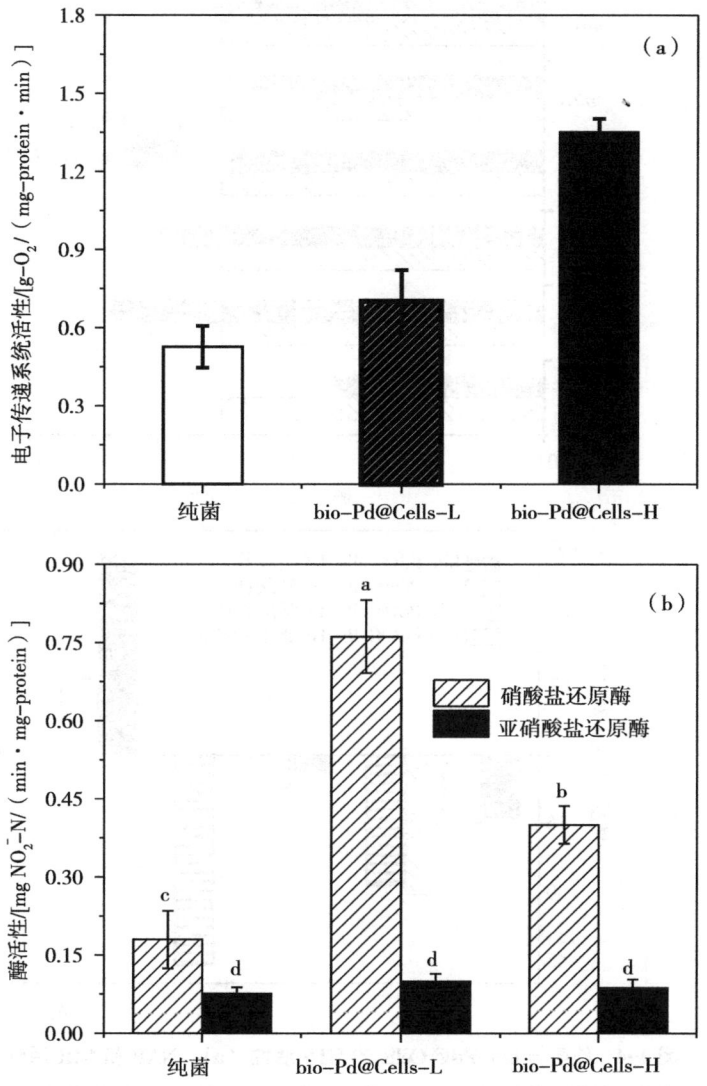

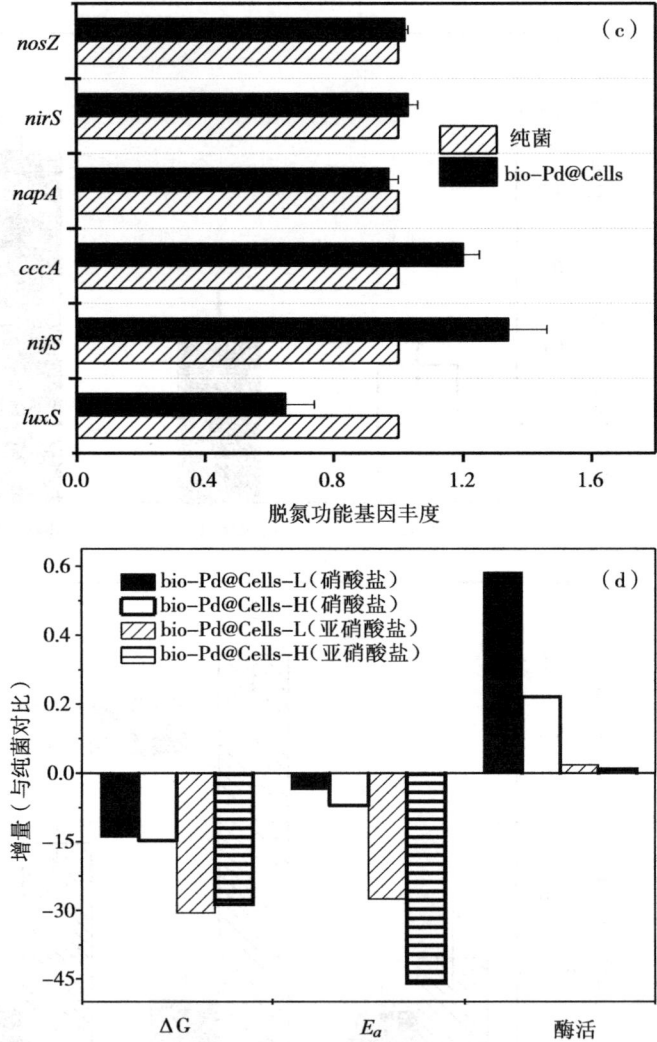

图 4-4 纯菌与 bio-Pd@Cells 的 ETS 活性（a）、NAP 和 NIR 活性（b）和脱氮功能基因丰度比较（c），以及与纯菌相比，不同 Pd^0 负载量的 bio-Pd@Cells 反硝化过程中的吉布斯自由能、反应活化能以及反硝化酶活性的变化增量（d）

与 NAP 活性的显著上调不同，*napA*、*nirS* 和 *nosZ* 的基因表达丰度没有发现显著的变化（图 4-4c），说明反硝化酶活性和反硝化酶编码基因转录活性对 bio-Pd^0 的响应存在显著的差异，表明 bio-Pd^0 对好氧反硝化菌反硝化性能的提升可能是由于 bio-Pd^0 直接调控蛋白质水平的功能酶活性所致，并非在转录水平产生影响。在 Chen 和 Vymazal[263] 研究中也观察到类似的现象，他们发现在反硝化过程中 N_2O 释放与一氧化氮还原酶 NOS 活性而非 NOS 编码基因转录活性显示出良好的线性正相关关系。酶活性的调节可能发生在转录水平、转录后水平、翻译水平和蛋白质水平，RNA 基因表达丰度无差别表达表明 bio-Pd^0 通过在转录后促进翻译或者增强 NAP 酶的蛋白结构稳定性从而加速了好氧反硝化过程。另外，与 bio-Pd@Cells 中明显增加的 ETS 活性相一致，编码基因 *cccA* 和 *nifS* 的转录活性分别显著上调了 25.23% 和 17.14%。*cccA* 基因编码的细胞色素 c2 在氧气与硝酸盐协同呼吸的好氧反硝化过程中能够介导电子从有氧呼吸转移到反硝化呼吸链[264]；而基因 *nifS* 编码的蛋白则在 Fe-S 簇的组装和形成过程中发挥了重要的作用[265]。基于此，推断出 bio-Pd^0 能够促进细菌体内 Fe-S 簇和细胞色素 c2 的合成，从而加速好氧反硝化中的电子传递速率和电子向反硝化呼吸链的分流。

此外，负责调节群感效应蛋白的编码基因 *luxS* 的转录活性显著下调 37.52%。表明群感效应分子可能参与了 bio-Pd^0 对好氧反硝化的促进机制。Maddela 等[266] 报道，外部添加群感效应信号分子酰化高丝氨酸内酯可能会导致铜绿假单胞菌中苯酚降解效率的显著提升，但同时也能够有效抑制微生物反硝化作用的进行。此外，Gómez-Gómez 等[267] 发现外源性金属纳米颗粒对群感效应分子的生物合成、信号感知以及信号接收和响应各个阶段均能产生显著的影响。

4.5 生物钯对胞内电子传递的影响

微生物的胞内电子传递（IET）系统由复合物Ⅰ、醌池、复合物Ⅲ

(bc1 复合物)和细胞色素 c 组成。为进一步探究原位合成的 bio-Pd^0 在微生物胞内电子传递中的作用,在反硝化体系中分别添加辣椒素、鱼藤酮、双香豆素、BAL、NaN$_3$ 和 CuCl$_2$ 等不同的呼吸链抑制剂以靶向抑制 NADH 脱氢酶、复合物Ⅰ、辅酶 Q、复合物Ⅲ、复合物Ⅳ和 Fe-S 中心,并探究其对反硝化性能的影响,实验结果如图 4-5 所示。

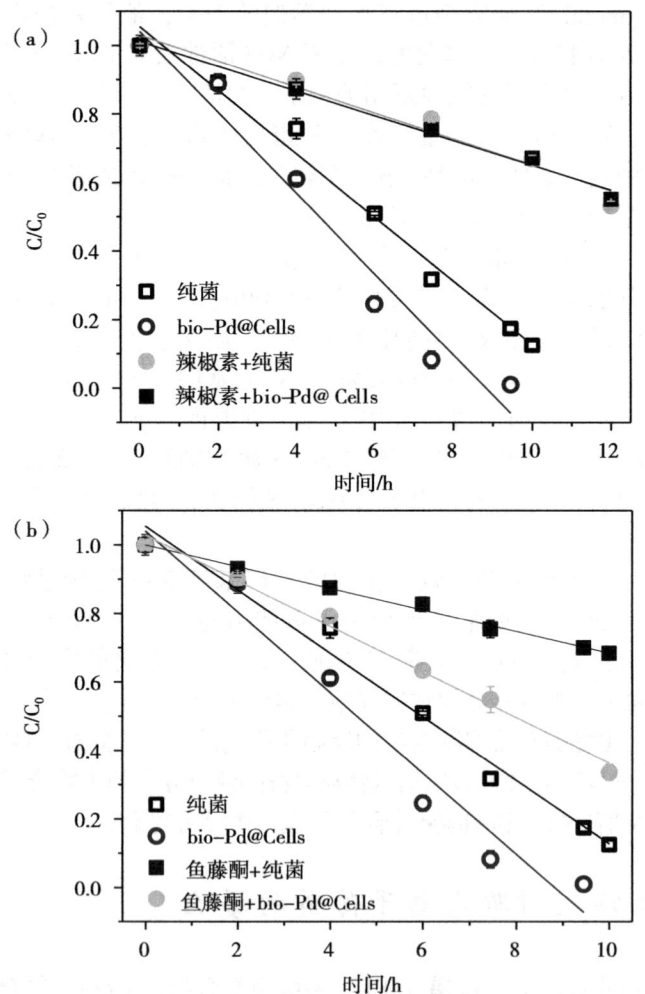

第四章 生物钯强化好氧反硝化的胞内电子传递机理研究

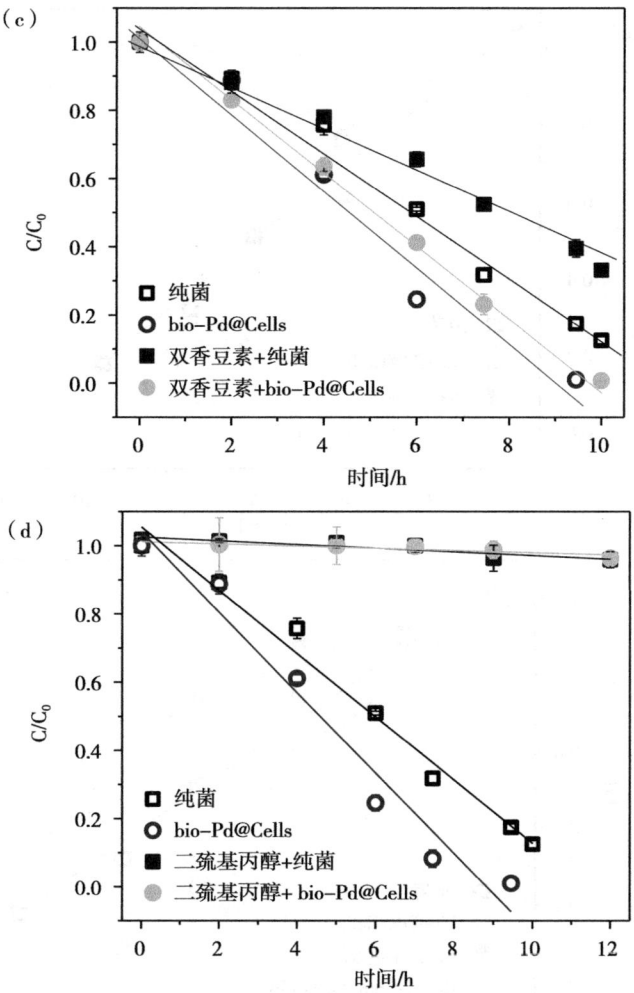

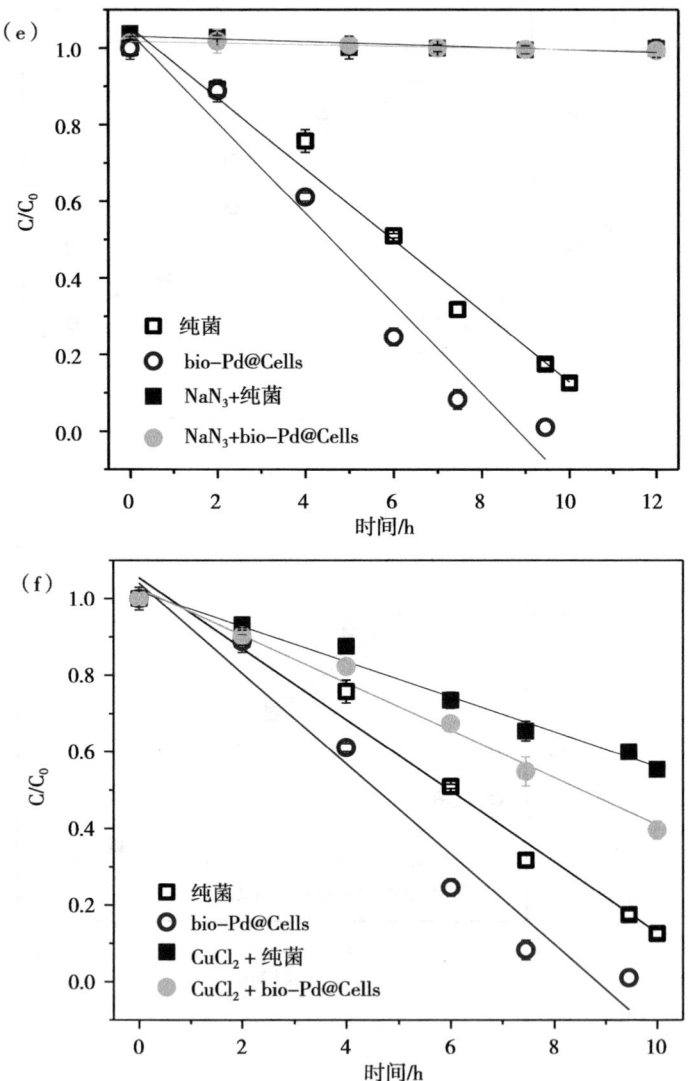

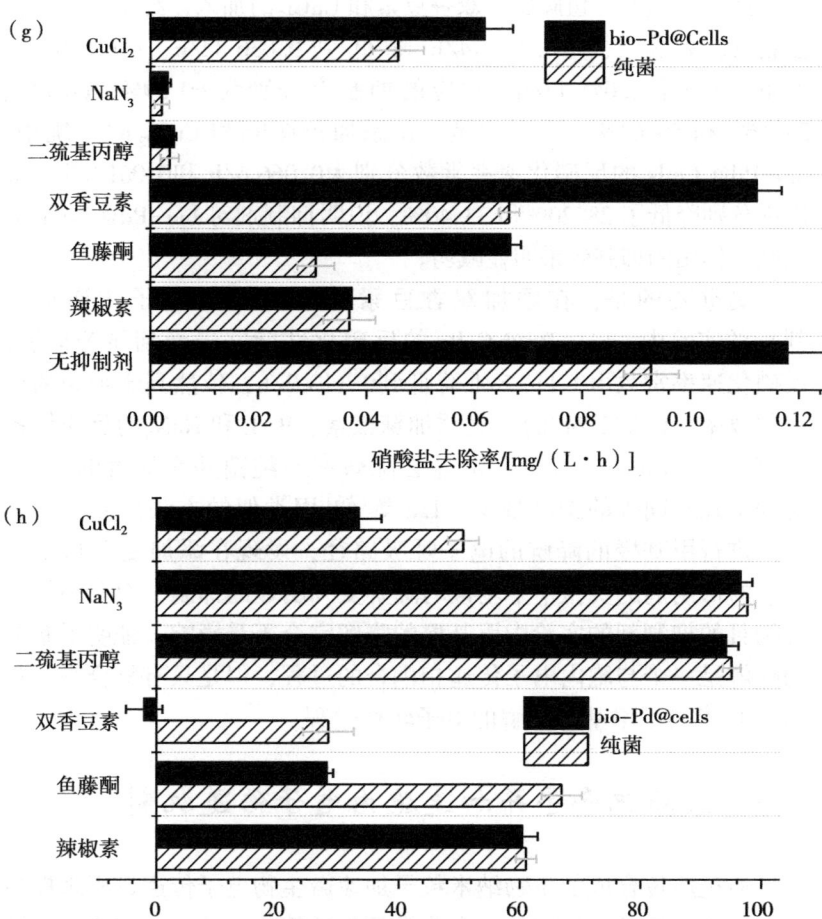

图 4-5 外加不同的呼吸链抑制剂条件下的硝酸盐去除动力学

(a)：0.2 mmol/L 辣椒素抑制 NADH 脱氢酶；(b)：0.2 mmol/L 鱼藤酮抑制复合物 I 的铁硫中心；(c)：0.2 mmol/L 双香豆素抑制辅酶 Q；(d)：0.2 mmol/L 二巯基丙醇抑制复合物 III；(e)：0.2 mmol/L 的叠氮化钠抑制复合物 IV；(f)：0.02 mmol/L 的 $CuCl_2$ 抑制铁硫中心；(g)：不同的呼吸链靶向抑制剂条件下硝酸盐去除速率；(h)：抑制率

随着辣椒素、鱼藤酮、双香豆素和 $CuCl_2$ 的加入，纯菌的硝酸盐去除速率常数从 0.092 74/h 降低到 0.036 82/h、0.030 63/h、0.066 34/h 和 0.045 77/h，相应的抑制率分别为 60.39%、68.6%、28.46% 和 50.64%。不同的是，在添加鱼藤酮和 $CuCl_2$ 的系统中，bio-Pd@Cells 的反硝化速率常数分别为 0.066 6/h 和 0.061 8/h，抑制率分别降低了 28.20% 和 33.40%，说明抑制剂对 bio-Pd@Cells 的反硝化作用的抑制效果明显减弱。

更重要的是，在添加双香豆素（辅酶 Q 的电子传递抑制剂）的实验中，bio-Pd@Cells 的反硝化性能并未受到显著抑制，反硝化速率常数由 0.117 8/h 降低到 0.113 2/h，依然高于纯菌的反硝化效率（0.092 74/h）。就添加辣椒素、BAL 和 NaN_3 的反应体系而言，bio-Pd@Cells 的硝酸盐去除效率与纯菌并无显著的差异，受到了几乎同等的抑制现象。Liu 等[268]用类似的方法探究了希瓦氏菌进行甲基橙的降解的电子呼吸路径，发现在添加复合物 I 和 CoQ 的抑制剂的实验中甲基橙的降解受到明显的抑制，而在添加复合物 III 的抑制剂的实验中甲基橙的降解完全不受影响，证明甲基橙的降解是一个与胞内电子传递相耦合的过程，但是只有复合物 I 和辅酶 Q 参与了甲基橙降解的电子转移过程。

4.6 生物钯介导并加速胞内电子传递机制

通过原位合成的生物纳米粒子加速微生物电子传递过程来提高废水处理的反硝化作用是一个非常理想的策略。动力学和热力学结果已经证实了通过 B. megaterium Y-4 原位合成的 bio-Pd^0 纳米粒子强化硝酸盐和亚硝酸盐去除的可行性。基于此，进一步揭示了原位合成的 bio-Pd^0 在加速胞内电子转移中的作用机制。

好氧反硝化细菌能够同时以硝酸盐和 O_2 作为终端电子受体进行协同呼吸，并且这两种电子呼吸路径链依赖于相同的核心组分，包括 NADH 脱氢酶（复合物 I）、醌池、bc1 复合物（复合物

Ⅲ）和 c-Cyts。如图 4-6 所示，电子在 NADH 脱氢酶的催化作用下产生，然后依次传递给 FMN、Fe-S 簇和辅酶 Q（CoQ，+0.113 V）。随后，一部分电子转移到 NAP 将硝酸盐还原为亚硝酸盐，而另一部分电子转移到内膜复合物Ⅲ并进一步转移到周质中的 c-Cyts，最终被其他反硝化酶（NIR、NOR、NOS）和氧还原末端氧化酶（复合物Ⅳ）消耗。此外，来自 c-Cyts 的电子也可以通过胞外呼吸链转移到细胞外部进行胞外呼吸。

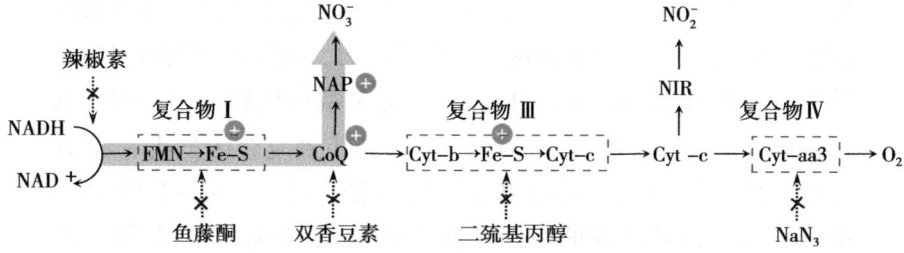

图 4-6　bio-Pd⁰ 对胞内呼吸链中关键组分的作用示意图

符号"×"代表不同抑制剂的靶向抑制位点；符号"+"代表 bio-Pd⁰ 加速电子转移的作用位点；灰色粗箭头表示增强的流向 NO_3^- 的电子流

尽管 bio-Pd@Cells 的硝酸盐和亚硝酸盐去除性能均有所提高，但酶活性分析表明硝酸盐去除速率和 NAP 活性的增量呈现出剂量依赖性的正相关关系，而 NIR 活性几乎不受 bio-Pd⁰ 剂量的影响，这种截然不同的现象可能与 NAP 与 NIR 独特的分子结构有关。NAP 包含两个氧化还原活性中心：Mo 双吡喃蝶呤鸟嘌呤二核苷酸活性位点（Mo-bisPGD）和［4Fe-4S］簇活性中心；而 NIR 则是一个含有两个 Cu 结合位点或者含有血红素 d1 和血红素 c 辅因子的同源二聚体蛋白[269]。上调的 *nifS* 证实了 bio-Pd⁰ 可以促进 Fe-S 簇的组装，从而导致 bio-Pd⁰ 对 NAP 活性的选择性促进。Leinartaité 等[270]指出金属和蛋白质的配位键可以建立相互作用网络，保护金属中心不受损伤，提高 Fe-S 蛋白的稳定性和活性。

此外，在鱼藤酮和 $CuCl_2$ 抑制 Fe-S 中心的实验中，bio-Pd@Cells 的反硝化抑制率明显减缓，表明 bio-Pd^0 可以提高复合物Ⅰ、NAP 和复合物Ⅲ中 Fe-S 中心的活性，这与上述提高的 NAP 活性和上调的 *nifS* 基因转录活性一致。一方面，bio-Pd^0 纳米粒子亲和力高、生物相容性极强，可以紧密地附着在复合物Ⅰ上，并占据抑制剂的结合位点；同时 bio-Pd^0 与复合物Ⅰ的结合可以缩短 Fe-S 簇和 FMN 之间的距离，从而加速复合物Ⅰ中的电子转移[271]。另一方面，考虑到 bio-Pd^0 对 CoQ 功能抑制的完全解除（图 4-5c），以及 Pd^0 具有优异的吸氢能力，能够吸收约自身体积的 900 倍的 H_2 形成 [Pd-H]，并作为氢载体转移电子，因此我们提出 bio-Pd^0 可以替代 CoQ，在复合体Ⅰ到复合体Ⅲ或 NAP 之间建立另一条与之并联的电子转移路径。此外，bio-Pd@Cells 中 *cccA* 基因转录活性的上调证实在硝酸盐和 O_2 的协同呼吸下，bio-Pd^0 可以选择性地增加电子流向 NO_3^- 而不是 O_2，这对好氧反硝化的实际应用非常关键。

然而，添加 NaN_3 对纯菌与 bio-Pd@Cells 的硝酸盐还原的抑制率几乎相同，并且 NIR 活性对剂量不敏感，表明 bio-Pd@Cells 中亚硝酸盐去除的增加仅归因于生物钯的非生物/非酶催化作用，而非生物介导机制。

综上所述，我们可以推断出 bio-Pd^0 可以通过选择性地加速电子从 FMN 到 NAP 的转移和提高 NAP 活性等生物介导作用加速硝酸盐还原（图 4-7），而亚硝酸盐还原效率的提高仅归因于 bio-Pd^0 的非生物/非酶催化作用，因此随 bio-Pd^0 增加硝酸盐和亚硝酸盐去除性能的呈现不同变化，即随着 bio-Pd^0 负载量的增加，由于 bio-Pd^0 的非生物催化作用增强，亚硝酸盐去除率不断提高；但高浓度 bio-Pd^0 的生物毒性导致 NAP 活性的增幅有所降低，导致 bio-Pd@Cells-H 中 q_{max,NO_3^-} 的增量较小（图 4-1f 和图 4-4d）。

第四章 生物钯强化好氧反硝化的胞内电子传递机理研究

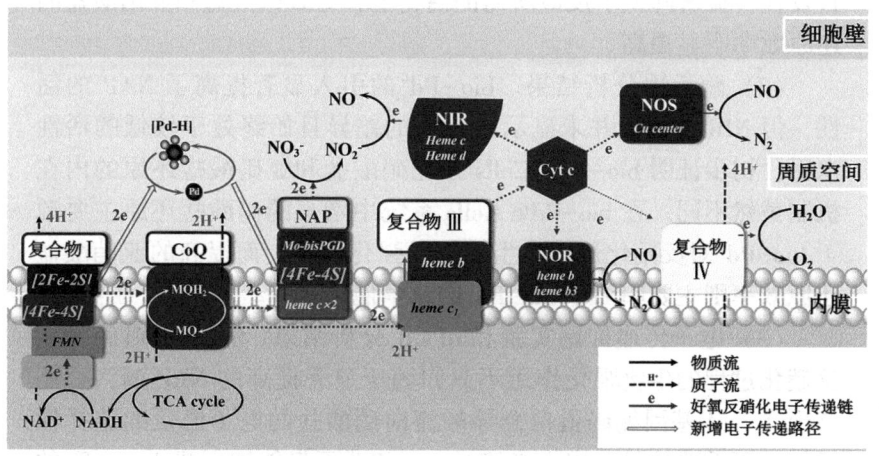

图 4-7 原位合成的 bio-Pd⁰ 强化好氧反硝化机理

4.7 本章小结

在本研究中，针对微生物好氧反硝化过程中电子传递效率不高、氧气—硝酸盐协同呼吸下的电子有效利用率低导致亚硝酸盐积累等问题，结合金属纳米粒子在提高微生物电子传递效率方面的潜在优势、Pd⁰ 对亚硝酸盐还原的过程的高选择以及有氧条件对 Pd⁰ 催化选择性的正向加持效应，提出利用 *B. megaterium* 原位合成 bio-Pd⁰ 构建微生物—生物纳米粒子耦合体系，通过 bio-Pd⁰ 纳米粒子加速微生物的电子传递速率，并增大流向硝酸盐的电子分流量，从而提高生物好氧反硝化效率。本章结合动力学拟合、热力学计算、酶活性测试、功能酶基因以及生物电化学多种手段对 bio-Pd@Cells 强化硝酸盐和亚硝酸盐还原的机制进行了深入的分析探讨，主要的结论如下：

（1）原位负载 bio-Pd⁰ 后，尽管微生物的生长停滞期有所延长，但 bio-Pd⁰ 的引入提高了硝酸盐和亚硝酸盐还原反应的热力学自发性，显著降低了反应所需的活化能，导致硝酸盐和亚硝酸盐的还原效率明显提高。

（2）酶活性分析结果。bio-Pd^0 的引入显著提高了 NAP 的活性，但 NIR 的活性并未显示出显著的差异且始终处于较低的活性水平，初步证明 bio-Pd@Cells 强化硝酸盐和亚硝酸盐还原的内在机制截然不同。在 bio-Pd@Cells 系统中增强的硝酸盐还原主要源于 bio-Pd^0 对反硝化过程的生物介导强化作用，而提高的亚硝酸盐还原效率则主要归因于 bio-Pd^0 的化学催化作用。

（3）电子传递抑制实验和 qPCR 分析结果。bio-Pd^0 对硝酸盐反硝化过程的生物强化作用不只归因于显著提高的 NAP 酶活，还体现在 *cccA* 基因编码蛋白介导的流向硝酸盐的电子流量的选择性增加。更重要的是：嵌入细胞的 bio-Pd^0 不仅能够促进 Fe-S 簇的组装，提高含 Fe-S 簇结构的蛋白酶的活性，还能够在复合物 I 和复合物 III 之间形成一条与内膜醌并联的电子传输路径，增大胞内的电子传递通量。

第五章 生物钯强化土霉素的胞外降解和脱毒机制研究

5.1 引言

在过去的几十年里,抗生素由于其低生物降解性、高慢性毒性以及能够诱导抗性基因的传播而越来越受到社会各界的关注。迄今为止,在市政污水处理出水、地表水以及地下水中普遍检测到抗生素的存在,这对生态系统安全和人类健康构成了严重威胁[1,272]。因此,加强现有污水处理体系中抗生素的生物降解,对于缓解抗生素污染,保障公众卫生安全具有重要意义。

在微生物的胞内酶促降解过程中,生物降解效率高度依赖于大分子物质的跨膜扩散。而微生物细胞复杂的壁膜结构在保护微生物的同时,也严重限制了底物基质的扩散和吸收速率,在细胞壁肽聚糖层较厚的革兰氏阳性菌中尤甚。相比之下,胞外电子传递介导的污染物胞外降解可以有效减缓毒害性污染物对细菌的生物毒性,避免大分子物质的空间位阻扩散限制,实现更高效的降解[268]。为此,我们假设原位合成的 bio-Pd^0 纳米粒子除能够催化 OTC 还原转化以及促进细菌的胞内酶促降解过程外,还可能通过借助微生物的胞外电子传递和能量代谢来刺激微生物对 OTC 的胞外生物降解,而无须长期驯化过程。

因此,在本章研究中,*B. megaterium* 被用于原位合成 bio-Pd^0(bio-Pd@Cells),建立了一个耦合酶促与非酶降解过程于一体的 OTC 降解强化系统。通过动力学分析、抑制实验、电化学测量和降解中间产物分析,探究了 bio-Pd@Cells 对 OTC 的降解机制。结果显示,除 bio-Pd⁰ 基于 H_2 和原子 H^* 催化降解外,bio-Pd⁰ 还可以通过加强革兰氏阳性细菌 *B. megaterium* 中依赖呼吸链的胞外电子传递和能量代谢来刺激 OTC 的胞外生物降解并促进生物脱毒,从而显著提高 OTC 的降解效率。

5.2 生物钯介导土霉素的催化降解

以甲酸钠为电子供体,在初始 Pd(Ⅱ)浓度为 3 mg/L、5 mg/L、7 mg/L、10 mg/L 和 15 mg/L 的还原体系中制备得到钯负载量分别为 2.3 g/mg-DCW、6.9 g/mg-DCW、16.1 g/mg-DCW、23.0 g/mg-DCW 和 34.5 g/mg-DCW 的 bio-Pd@Cells。利用不同钯负载量的 bio-Pd@Cells 对 10 mg/L 的 OTC 进行降解,OTC 浓度随时间变化曲线如图 5-1 所示。所有反应体系中 OTC 的降解过程均符合伪一级动力学模型(R^2>0.978 4)。

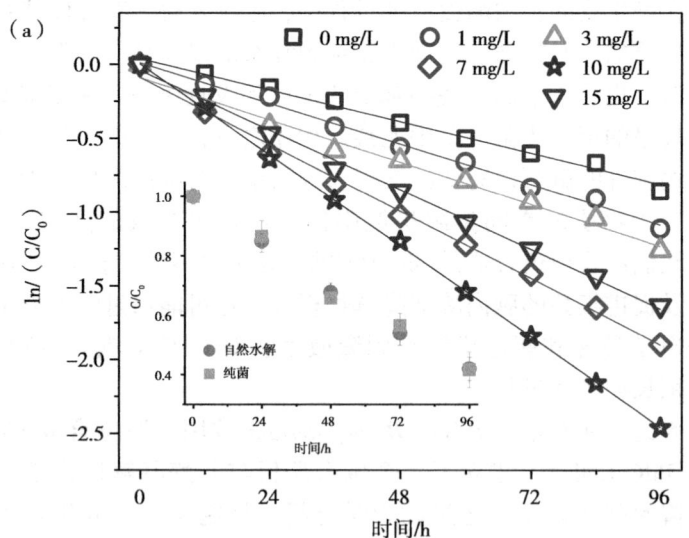

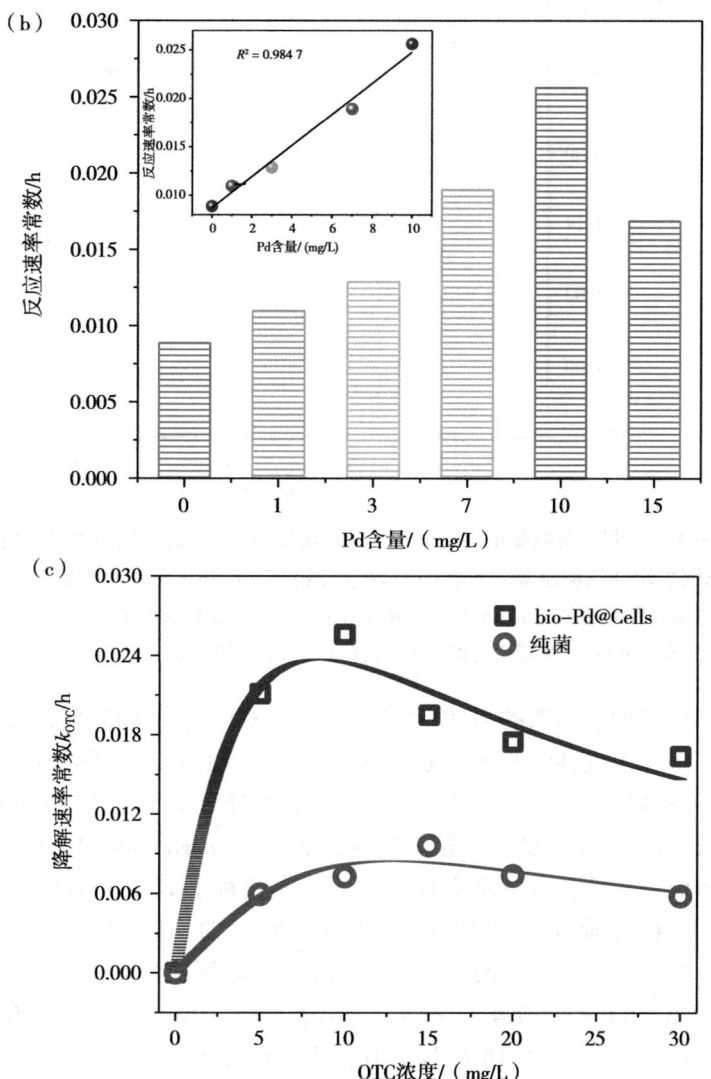

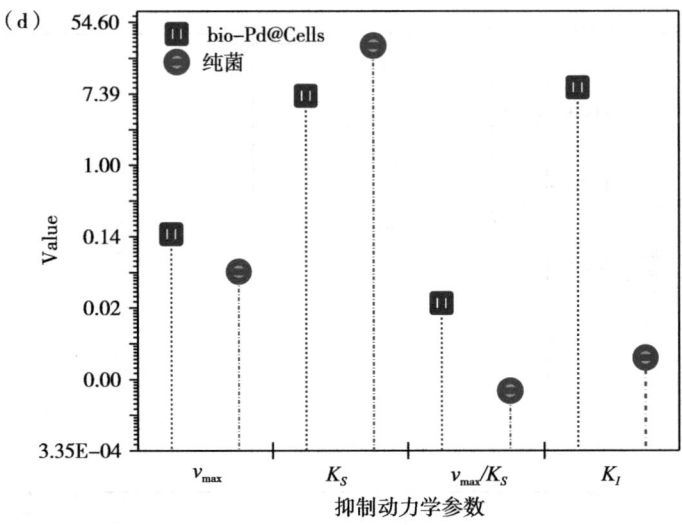

图 5-1 不同钯负载量的 bio-Pd@Cells 降解 OTC 的伪一级动力学拟合结果（插图表示纯菌和水解对照组的 OTC 降解）（a）和反应速率常数（b），以及纯菌和预培养在 10 mg/L 的 Pd（Ⅱ）溶液中制备的 bio-Pd@Cells 降解 OTC 的 Haldane 模型拟合结果和拟合参数（c）和（d）

在接种了纯菌的 OTC 降解实验中，OTC 浓度随时间的变化曲线几乎与未接种细胞的水解对照组重合（如图 5-1a 的插图），反应 96 h 后两个体系中的 OTC 去除效率分别为 30.3%±1.43% 和 29.2%±2.17%，没有明显的差异，表明 B. megaterium Y-4 的 OTC 降解效率极低，可忽略不计。然而，在接种了 bio-Pd@Cells 的体系中，OTC 降解效率大幅度提高，96 h 的 OTC 去除率达到了 (58.3±1.29)% ~ (92±1.83)%，相应的降解速率常数（k_{OTC}）介于 0.007 2/h 和 0.034/h 之间。并且，bio-Pd@Cells 的 k_{OTC} 在一定范围内随钯剂量的增加线性上升，当接种细胞为预培养在 10 mg/L 的 Pd（Ⅱ）体系中制备的 bio-Pd@Cells 时达到最大，为 0.025 6/h，之后随着初始 Pd（Ⅱ）浓度的继续增加，OTC 降解效率下降。一方面，这可能是由于随着 Pd^0 合成量的增加，微生物不足以提供充足的位点结合多余的 Pd^0 纳米粒子,部分纳米粒子从微生物的表面脱落并发生聚集,导致纳米粒子的比表面积降低,反应的活性位点数减少。另一方面,高负载量下 OTC 降解效率的下降也可能归因于纳米粒子对细胞的生物毒性作用。以此推测,bio-Pd@Cells 对 OTC 降解可能是生物强化与非生物降解共同作用的结果。

进一步,将纯菌和预培养在 10 mg/L 的 Pd(Ⅱ)溶液中制备的 bio-Pd@Cells 分别用于不同初始浓度的 OTC 降解,其降解曲线的伪一级动力学拟合结果如图 5-2 所示。进而通过计算得到 OTC 比降解速率随初始 OTC 浓度的变化曲线如图 5-1c,利用 Haldane 模型对其进行拟合分析,相应的动力学参数如图 5-1d 所示。纯菌的 OTC 比去除率为 0.011 6~0.019 3/(h·mg-DCW),v_{max}/K_s 为 0.001 78,抑制系数 K_I 为 0.045 3 mg/L。由于 $bio-Pd^0$ 的介入,bio-Pd@Cells 的比去除率提升到 0.032 8~0.051 2/(h·mg-DCW),比纯菌高 2~4 倍;此外,bio-Pd@Cells 的 v_{max}/K_s 和 K_I 分别为 0.020 8 mg/L 和 8.196 mg/L,远高于纯菌。这些结果表明原位合成的 $bio-Pd^0$ 可以有效促进 OTC 的催化降解并减缓 OTC 对菌株的抑制,但 $bio-Pd^0$ 的过量负载会在一定程度上削弱此激励机制。

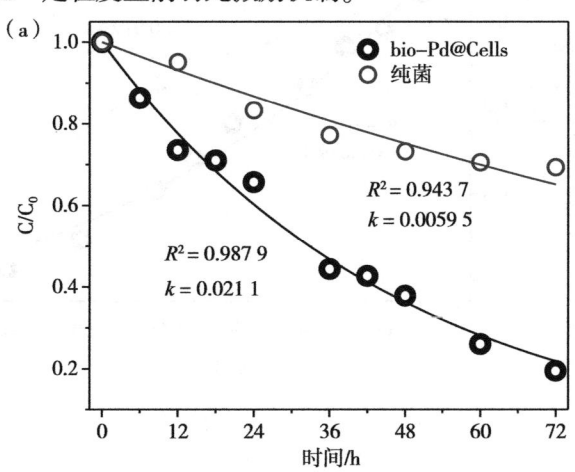

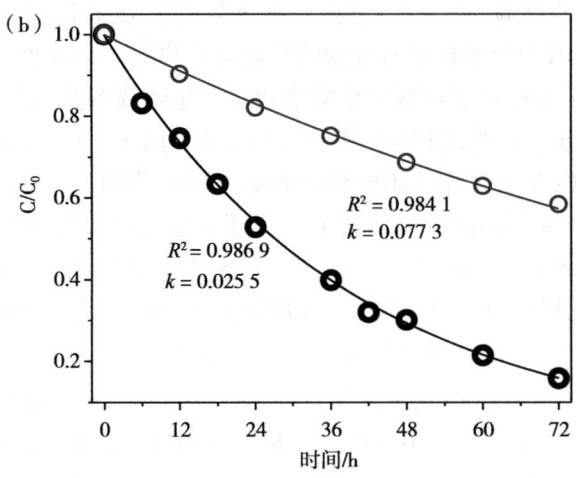

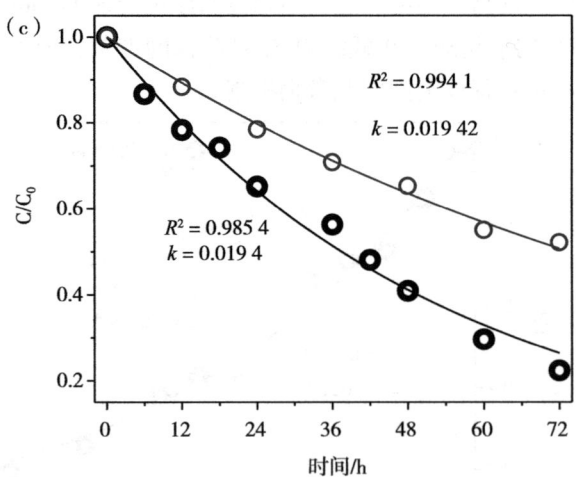

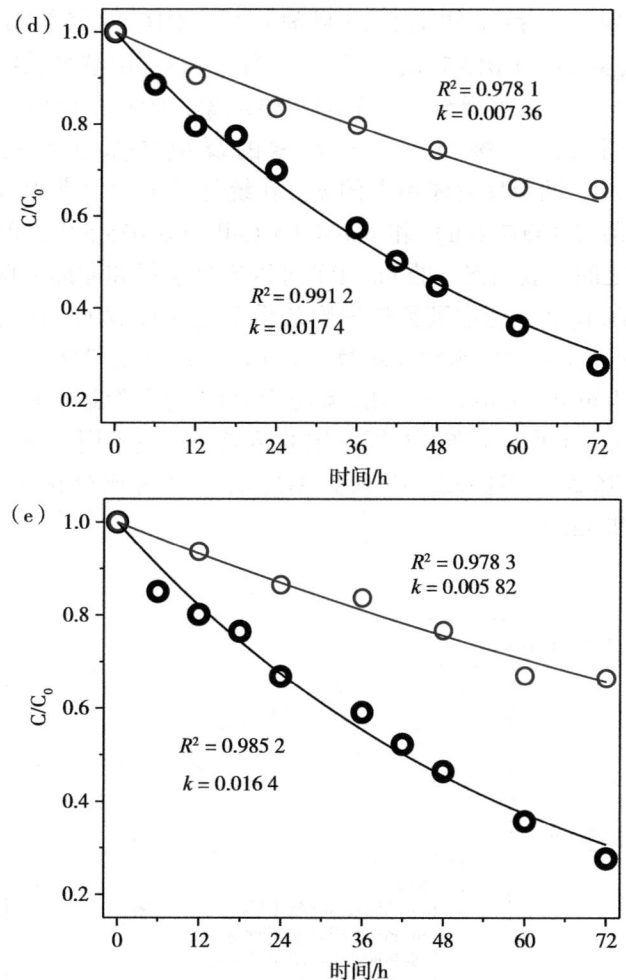

图 5-2　纯菌和 bio-Pd@Cells 对不同的初始浓度 OTC 的降解曲线

(a): 5 mg/L; (b): 10 mg/L; (c): 15 mg/L; (d): 20 mg/L; (e): 30 mg/L

为进一步探究 bio-Pd^0 对 OTC 降解的促进机制,如图 5-3 (a-b),向 bio-Pd@Cells 降解 OTC 的反应体系中加入 0.2 mol/L 的氨

苄青霉素（一种生物活性抑制剂）后，OTC 的降解被显著抑制，k_{OTC} 减小为 0.013 7/h；在利用剥离的 bio-Pd⁰ 纳米颗粒对 OTC 的降解实验中，也观察到类似的实验现象，OTC 的降解效率明显下降，且 k_{OTC} 与添加氨苄青霉素的反应体系非常接近，约 0.014 2/h。两个反应体系下的 k_{OTC} 在统计学上无显著差异，且都介于纯菌（0.007 2/h）和 bio-Pd@Cells（0.025 5/h）的降解速率常数之间，表明嵌入的 bio-Pd⁰ 可以通过酶促和非酶促两个过程催化 OTC 降解。考虑到天然细胞几乎不能降解 OTC，因此提出原位合成的 bio-Pd⁰ 纳米颗粒刺激了 *B. megaterium* 的 OTC 生物降解能力。综上可知，bio-Pd@Cells 系统中 OTC 的去除是水解、生物降解以及 bio-Pd⁰ 催化降解共同作用的结果，通过不同反应体系中的 OTC 的降解效率比较，得到其相应的贡献占比分别为 34.4%、23.6% 和 42.0%。

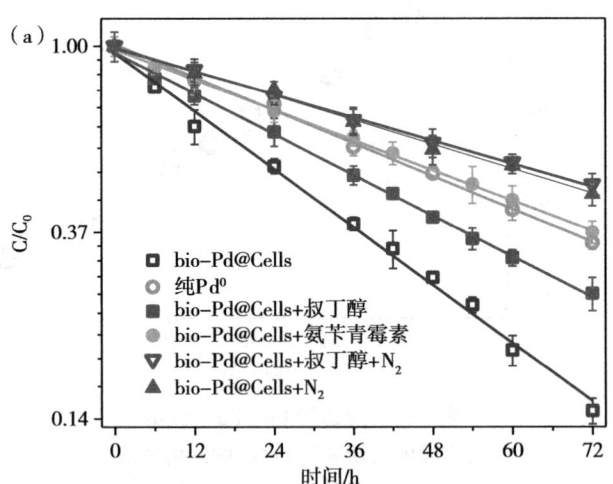

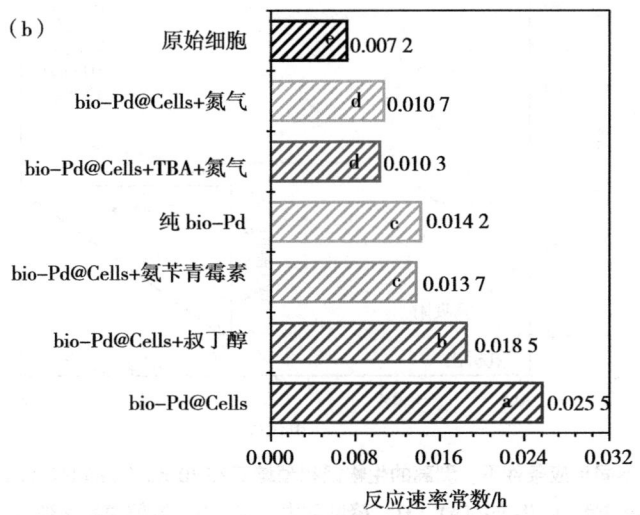

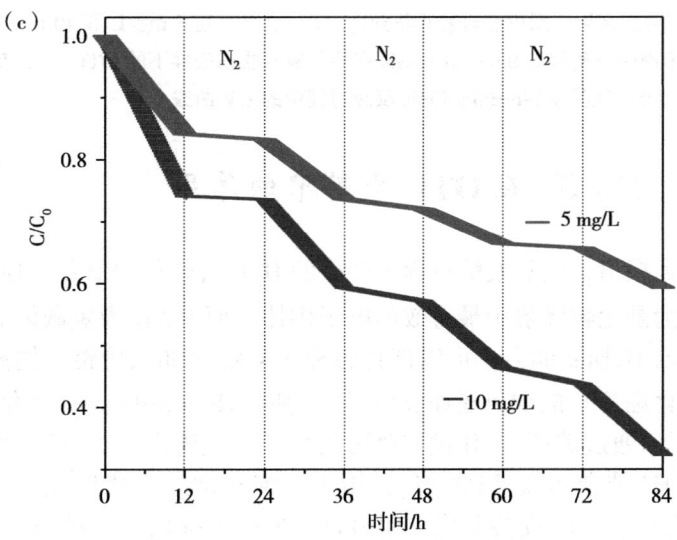

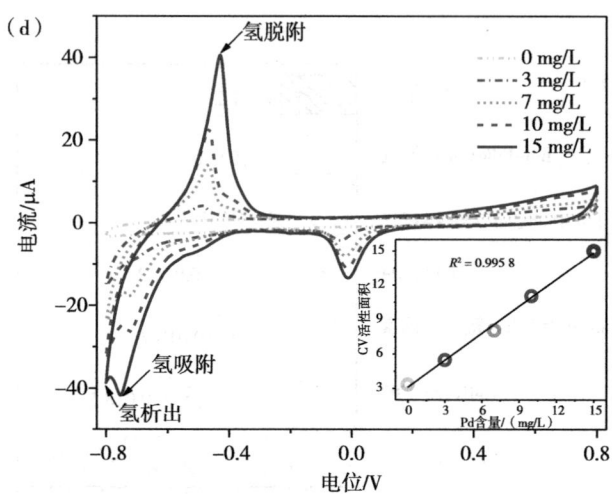

图 5-3 不同反应条件下,剥离的生物钯和预培养在 10 mg/L 的 Pd（Ⅱ）溶液中制备的 bio-Pd@Cells 的 (a) OTC 降解动力学和 (b) 降解速率常数（不同的字母表示实验结果之间存在显著的差异）;(c) 预培养在 5 mg/L 和 10 mg/L 的 Pd（Ⅱ）溶液中制备得到 bio-Pd@Cells 在间歇氮气吹扫条件下的 OTC 浓度随时间的变化;(d) 纯菌和 bio-Pd@Cells 反应过程中的 CV 曲线

5.3 H_2/H^* 在 OTC 降解中的作用

据报道,厌氧发酵过程中产生的 H_2 具有较低的氧化还原电位,被认为是生物降解中最有效的电子供体,而 Pd^0 作为氢载体表现出优异的 H_2 捕获能力,可以催化各种污染物（如六价铬、偶氮染料和氯化烃等）的加氢还原反应[261]。基于 Horiuti-Polanyi 氢化理论,Pd^0 可以通过破坏 H—H 键将吸附的分子氢解离为原子 H^*,然后与原子 H^* 结合形成 [Pd-H],用于不饱和键的亲核加成或杂原子（或碳原子）的直接取代。而最近,也有人提出了一种非 Horiuti-Polanyi 机制,其中吸附在催化剂上的氢分子无须分解可以直接与污染物发生反应[273]。

第五章　生物钯强化土霉素的胞外降解和脱毒机制研究

为阐明 H_2 是否参与了 OTC 的催化降解，进一步进行了氮气间歇循环吹扫条件下 OTC 的降解实验，如图 5-3c 所示，间歇性循环氮气吹扫条件下的 OTC 降解曲线呈现明显的阶梯状；在氮气吹扫条件下，甲酸发酵或者甲酸裂解产生的氢气从反应体系中快速地溢出，OTC 的去除速率明显变缓，证明 H_2 确实参与了 OTC 的降解。另外，在 CV 曲线中（图 5-3d），在 -800 mV 和 -617 mV 处观察到了明显的与氢析出和氢吸附过程相关的还原峰[121]，并且峰电流强度与 bio-Pd^0 剂量呈现出显著的正相关关系，随 bio-Pd^0 剂量的增加，氢析出和氢吸附峰电流分别从 4.67 μA 和 3.58 μA 增加到 39.54 μA 和 42.39 μA，表明合成的 bio-Pd^0 可以促进氢气的产生，从而加速 OTC 的降解。

另外，在 -417 mV 附近出现了明显的一个氧化峰，在之前的报道的钯基催化剂的反应体系中也观察到类似的氧化峰，被认为与 Pd^0 纳米粒子吸附的原子 H^* 的脱附过程有关[274]，其电流随着初始 Pd（Ⅱ）浓度的增加从 1.27 μA 提升到 44.36 μA，说明 H^* 可能参与到了 OTC 降解过程。为验证上述猜想，在 bio-Pd@Cells 降解 OTC 的反应体系中添加了 20 mmol/L 的 TBA（一种有效的原子 H^* 的猝灭剂），结果显示，TBA 的添加导致 OTC 去除率降低了 12.59%±0.87%（图 5-3b）。本研究进一步以 DMPO 为捕获剂，采用 EPR 对体系产生的活性氢进行定性分析，谱图出现了峰强比为 1:1:2:1:2:1:2:1:1 九重特征峰（图 5-4），属于典型的 H^* 特征峰[275]，进一步证实了 bio-Pd@Cells 系统中 H^* 的产生。此外，对反应体系进行了持续氮气吹扫去除氢气的实验，相比于添加 TBA 的实验组，OTC 的去除效率进一步降低了 30.27%±1.58%。重要的是，在同时添加 TBA 和持续氮气吹扫条件下的 OTC 降解实验中，其 OTC 降解速率与单一地进行氮气吹扫条件下的去除速率在统计学上无显著性差异，72 h 的 OTC 降解效率约 32.57%±1.03%。因此，甲酸发酵原位产生的 H_2 及其解离产物原子 H^* 都参与了 OTC 还原降解，但是通过非 Horiuti-Polanyi 机理的 H_2 的直接加氢过程是 Pd⁰ 催化 OTC 降解的主导机制。

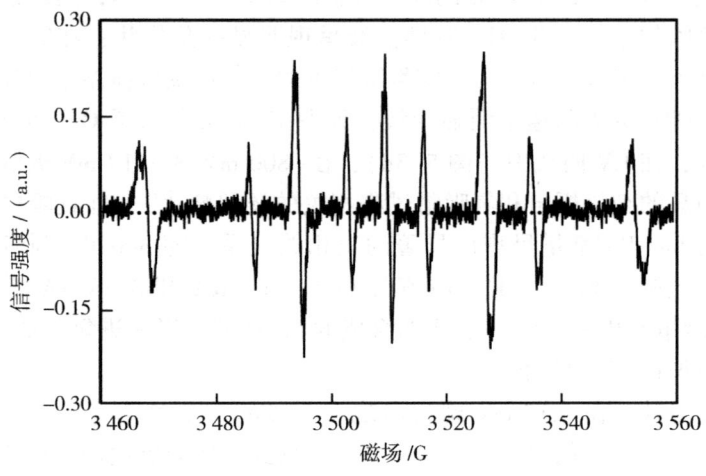

图 5-4　活性氢的 EPR 谱图

5.4　生物钯对胞内电子传递、能量代谢和生物毒性的影响

微生物代谢本质上是由多个电子载体组成的电子传递系统驱动的一系列生化反应。简而言之，NADH 产生的电子通过电子转移系统（ETS，即复合物Ⅰ、CoQ、复合物Ⅲ和细胞色素 c）转移，最终被细胞内/外末端氧化还原酶利用。如图 5-5c 所示，随着 bio-Pd⁰ 剂量的增加，bio-Pd@Cells 的 ETS 活性从 2.5 g-O_2/(min·mg-protein) 显著提高至 4.0 g-O_2/(min·mg-protein)，表明 bio-Pd⁰ 的引入能够加速细胞呼吸链中的电子传递速率，这与 bio-Pd@Cells 中明显提高的 OTC 降解效率相一致。此外，当暴露于 15 mg/L 的 Pd（Ⅱ）溶液时，ETS 活性和 k_{OTC} 的同时降低也证明了上述推测，bio-Pd⁰ 的高暴露会损害微生物活性并进一步影响

生物降解效率。

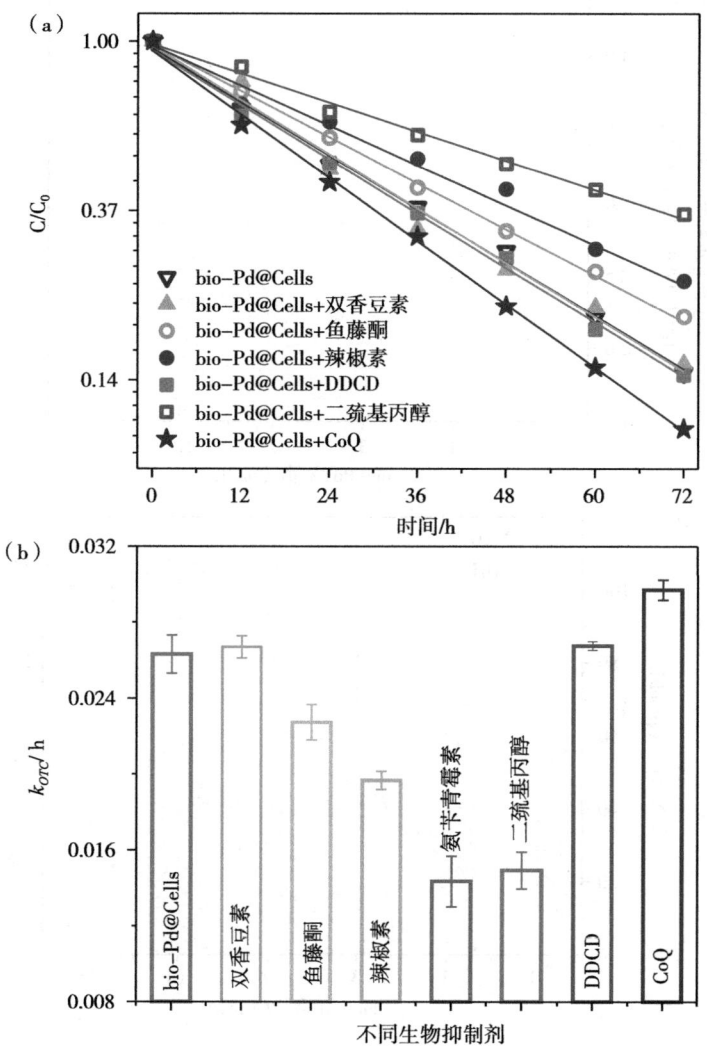

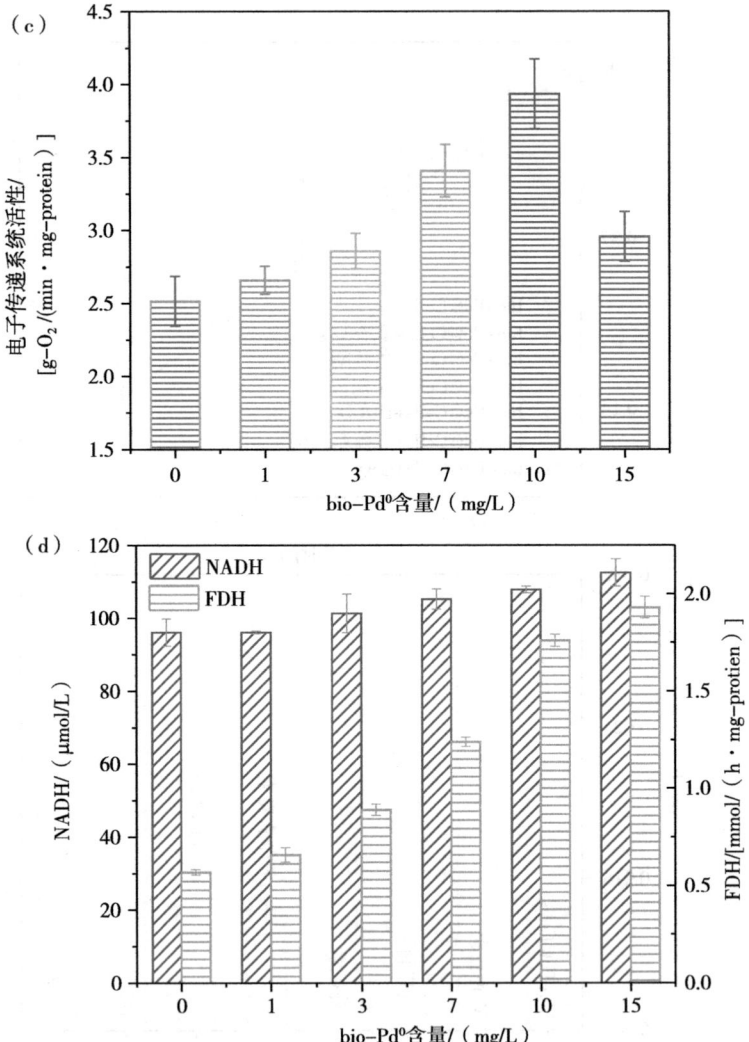

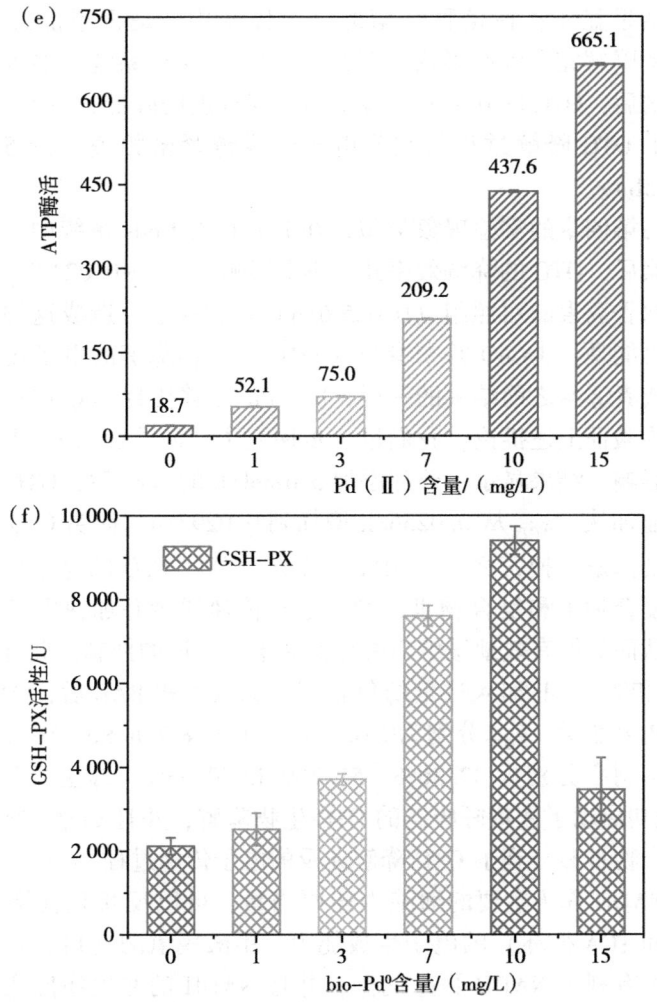

图 5-5 添加的不同的靶向抑制剂的 OTC 降解实验（a-b）、bio-负载量对 ETS 活性（c）、胞内 NADH 和 FDH 活性（d）、ATP 酶活性（e）和 GSH-PX 活性（f）的影响

进一步通过添加不同的抑制剂靶向抑制细胞呼吸链中的电子转移，结果显示：在接种纯菌的反应体系中，是否添加抑制剂对OTC 的降解完全没有影响。而在 bio-Pd@Cells 系统，加入呼吸链抑制剂后，OTC 的降解效率显示出不同程度的降低，说明 bio-Pd⁰ 强化的OTC 降解过程与细胞电子呼吸链紧密相关（图 5-5a 和图 5-5b）。

与第四章的实验现象类似，在 bio-Pd@Cells 系统中，添加双香豆素后，OTC 的降解效率几乎不受影响，k_{OTC} 为 0.024 9/h，与未添加双香豆素的对照组（0.025 6/h）非常接近。造成这种现象的原因可能是：①CoQ 并未参与到 OTC 的生物降解的电子传递过程中，或者②与之前结果的一样，bio-Pd⁰ 能够代替 CoQ 进行电子传输。为验证上述推论，我们进一步探究了外源添加 CoQ 对 OTC 降解的影响，结果显示，外部添加 5 μmol/L 的 CoQ 后，OTC 降解速率明显加快，k_{OTC} 从 0.0256/h 增加到 0.0297/h，证明 CoQ 参与了OTC 的降解，换言之，bio-Pd⁰ 可以作为替代 CoQ 的电子传递旁路连接复合物 I 和复合物 III，增大电子传递通量并加快电子转移速率，从而能够有效地缓解双香豆素对电子传递的抑制。此外，如图5-5a 和图 5-5b 加入过量的鱼藤酮、辣椒素和 BAL 后，OTC 降解速率明显变缓，k_{OTC} 分别为 0.020 3/h、0.018 7/h 和 0.014 3/h，相应的抑制率分别为 33.36%、51.76% 和 70.53%。综上可知，bio-Pd⁰ 成功启动了依赖呼吸链的 OTC 生物降解，并且 CoQ、复合物 I 和复合物 III 参与到了 OTC 降解涉及的电子传递过程。

NADH 作为主要的细胞内还原当量，可以反映碳代谢（甲酸发酵和 TCA 循环）的电子生成能力。甲酸脱氢酶（FDH）是热力学上最有利于 NADH 再生的酶，并且 NADH 的非生物催化再生效率与 [Pd-H] 结合键的强度密切相关[276,277]。如图 5-5d 所示，bio-Pd⁰ 的形成导致 bio-Pd@Cells 的胞内 NADH 水平和 FDH 活性显著增加，比纯菌分别高出 7.13%~16.94% 和 30.16%~120.79%。结合 CV 测试中随 bio-Pd⁰ 负载量增加而增强的 [Pd-H] 脱附峰电流，表明 bio-Pd⁰ 不仅可以通过提高 FDH 酶的活性来加快 NADH 的酶促再生，还可以通过 [Pd-H] 直接促进 NADH 的非生物催化再生，从而加速电子的产生。

氧化磷酸化和底物水平磷酸化是两种重要的 ATP 合成方式，NADH 通过复合物Ⅰ、Ⅲ和Ⅳ组成的电子传递链，产生质子梯度，再经由膜结合 F_0F_1-ATPase 促进 ATP 合成[260]。如图 5-5e 所示，随着初始暴露 Pd（Ⅱ）浓度的增加（从 0 mg/L 到 15 mg/L），F_0F_1-ATPase 活性呈现出指数型增长趋势，从 18.7 μmol-Pi/（L·min·mg-protein）增加到 665.05 μmol-Pi/（L·min·mg-protein），说明 bio-Pd⁰ 的引入能够显著地提高 ATP 酶活性，这可能得益于增强的电子转移产生了更大的 PMF。进一步，bio-Pd@Cells 中加快的能量代谢能够促进能量依赖型的 OTC 的分解和外排过程。特别地，在添加 DCCD（一种阻断 F_0F_1-ATPase 中 F_0 亚基的质子转移的抑制剂）的反应体系中，bio-Pd@Cells 的 OTC 降解效率与未添加 DCCD 的对照组几乎相等。基于此，推测 bio-Pd⁰ 可能能够作为 ATP 酶的质子通道，以增强向内的质子易位，同时能够引起 F_0 亚基的蛋白质构象变化，从而产生 F1 亚基旋转的驱动力，提高 ATP 酶活性；抑或者 bio-Pd⁰ 所介导的 OTC 降解无须 ATP 酶的参与，但具体的作用机制需进一步深入探讨。

尽管生物纳米颗粒具有很高的生物相容性，但依旧会诱导细胞内部发生氧化或还原应激反应[278]，特别是 bio-Pd@Cells 中 H*（一种具有高还原能力的还原性自由基）的存在增大了纳米粒子造成生物毒性的风险。但是，在本研究中适量的 bio-Pd⁰ 并未对生物细胞产生显著的负面影响，相反，显著提高的 ETS 活性表明 bio-Pd⁰ 的引入显著地改善了微生物的代谢活性。还原性谷胱甘肽是与 NADH 类似的另一种重要的胞内还原当量，能够作为辅酶参与机体内的多种氧化还原反应，并且能够与毒物或者药物发生结合，从而起到解毒的功效[279]，因此进一步对微生物胞内的谷胱甘肽过氧化物酶（GSP-HX）活性进行测定。结果显示，随着 bio-Pd⁰ 的增加，

GSH-HX 活性从1 983 U 显著提升到9 045 U（图 5-5f），表明还原型谷胱甘肽的消耗过程被加快，能够有效平衡 bio-Pd@ Cells 中的还原当量水平，从而减轻由原子 H* 引起的还原应激。另外，谷胱甘肽在某些抗生素的外排过程中充当了共转运基质[279]。随着 bio-Pd^{0}的合成，bio-Pd@ Cells 的 ATP 酶活性显著提高，能量代谢旺盛，导致能量依赖性的 OTC 外排过程被促进，谷胱甘肽的向外转运也被加快，从而维持细胞内氧化还原平衡，最大限度地降低生物毒性。

综上所述，bio-Pd^{0}可以提高 FDH 活性并吸附活性氢 H*，促进电子供体 NADH 的生物/非生物再生。同时，bio-Pd^{0}可以促进胞内电子传递，增加跨膜质子易位，从而产生更大的 PMF 促进 ATP 合成，进一步加速能量依赖性的 OTC 和 GSH 的外排，从而有效缓解抗生素和纳米粒子的生物毒性。微生物代谢过程的增强和解毒机制的多元化有助于 OTC 的高效生物降解。

5.5 生物钯介导土霉素的胞外生物降解

如图 5-6a 所示，通过对细胞组分进行逐级分离，并利用分离的细胞组分对 OTC 进行降解实验，以评估各细胞组分对 OTC 降解的贡献。与 Xu 等[280]发现的硫酸盐还原菌的胞内组分对 OTC 的降解效率远高于胞外组分和细胞碎片的结果不同，在本研究中，胞内提取物对 OTC 的降解速率（k_{OTC} = 0.007 9/h）仅略高于水解对照组（0.007 2/h）；而在胞外酶和细胞碎片共存的反应体系中，OTC 的降解速率显著提高，k_{OTC} 达到0.020 75/h，介于 bio-Pd@ Cell（0.025 6/h）与单纯的剥离的钯纳米粒子（0.014 2/h）的 k_{OTC} 值之间，表明 OTC 的生物降解主要发生在细胞外环境而非胞内空间。

进一步利用 I-t 曲线来评估不同反应条件下纯菌和 bio-Pd@ Cells 的细胞外呼吸效率。如图 5-6b 和图 5-6f 所示，随着原始

B. megaterium 的引入，I-t 曲线呈现出微弱的正电流响应，表明 *B. megaterium* 具有微弱的胞外电子输出能力。与 bio-Pd@ Cells 中显著加快的 OTC 降解速率相一致，随着 bio-Pd@ Cells 的添加，响应电流从（0.8±0.04）μA 快速上升到（5.4±0.08）μA，表明原位合成的 bio-Pd^0 纳米粒子能够极大地提高微生物的胞外电子转移能力，增强向细胞外 OTC 的电子输出。然而，在加入氨苄青霉素抑制微生物的代谢活性后，响应电流急剧下降，然后稳定在 0.621 μA（图 5-6b），进一步证实电化学输出电流的增强归因于具有优良导电性的 bio-Pd^0 的非生物电化学作用和其介导的生物胞外电子呼吸的增强。

值得注意的是，与上述添加呼吸链抑制剂的 OTC 降解实验的结果类似，在添加抑制剂的反应体系的胞外呼吸电流显示出相似的变化趋势。由于 bio-Pd^0 能够作为 CoQ 的替代电子传输载体，在添加双香豆素后，尽管由于水流扰动冲击，反应体系的响应电流呈现出快速的下降，但随着体系趋于稳定，响应电流又迅速回升，稳定后的输出电流与添加抑制剂前基本保持一致（电流的降低可以忽略不计），约 3.767 μA。而在加入辣椒素、鱼藤酮和 BAL 后，稳定电流分别从 3.884 μA 显著降低至 2.729 μA、1.854 μA 和 1.817 μA，证实了 *B. megaterium* 的胞外呼吸过程与 CoQ、复合物 I 和复合物 III 组成的胞内呼吸链密切相关。特别的是，添加过量的呼吸链抑制剂后的剩余电流仍然高于添加氨苄青霉素系统（0.621 μA），这表明除通过依赖呼吸链的常规胞外电子传递外，bio-Pd^0 纳米粒子可以建立另一条不依赖细胞呼吸链的电子胞外传递路径，从而扩大电子的胞外输出通量。

结合极低的胞内 OTC 降解效率、胞外组分—细胞碎片混合物较高 OTC 去除贡献以及 OTC 降解和胞外电流输出对呼吸链的同步依赖性，推测胞外电子呼吸作用、胞外酶和膜结合蛋白可能参与了 OTC 的生物降解。在之前的报告中，Liu 等[268]发现希瓦氏菌能够通过胞外电子呼吸，利用外膜蛋白的生物催化实现甲基橙的细胞外脱色。发表在 Nature Communications 上的一篇报道[281]指出厌氧氨氧化细菌被证明具有细胞外呼吸能力,并通过胞外电子传递过程将 NH_4^+ 在胞外转化为氮气。

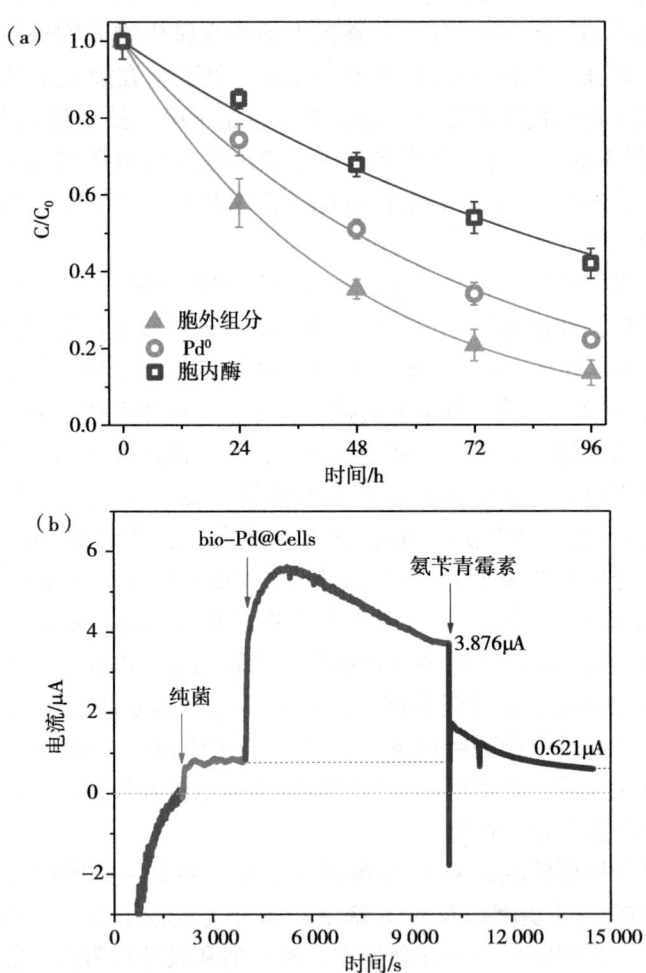

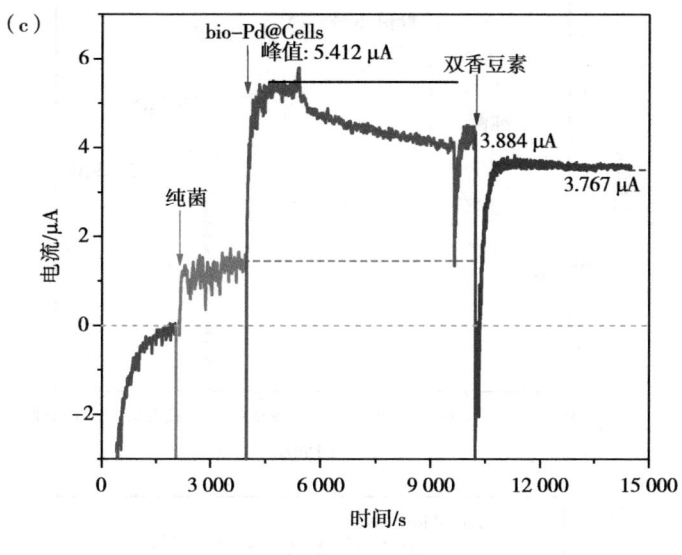

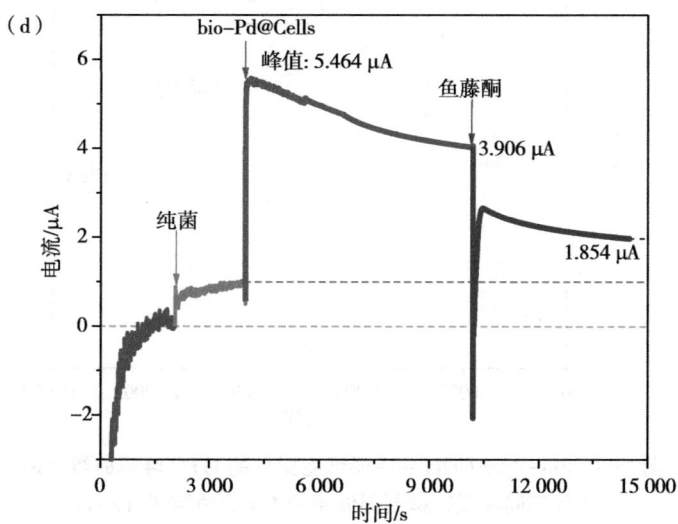

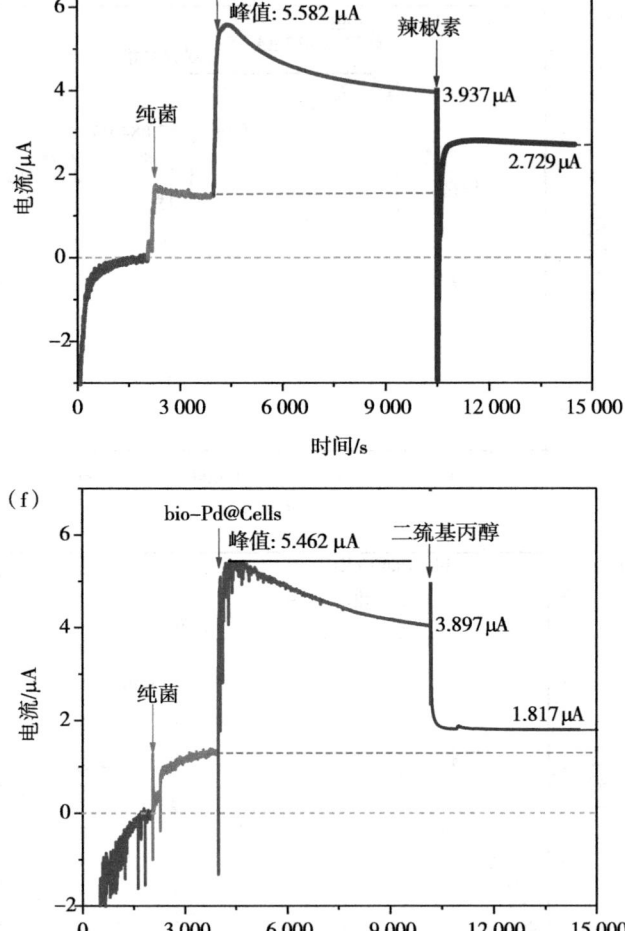

图 5-6　bio-Pd@Cells 中不同细胞组分的 OTC 降解曲线（a）、添加不同呼吸链抑制剂体系的 I-t 曲线测试（b-f）

（b）：氨苄青霉素；（c）：双香豆素；（d）：鱼藤酮；（e）：辣椒素；（f）：二巯基丙醇

进一步通过 DPV 测试探究 bio-Pd⁰ 介导的细胞外电子转移机制（图 5-7）。在纯菌和 bio-Pd@ Cells 的 DPV 曲线中，除检测到与析氢和氢脱相关的氧化还原对峰外，在 $-80 \sim 0$ mV 和 $-100 \sim -80$ mV（SCE）处观察到一对细胞色素 c 氧化还原峰。另外，还出现了一个对应于游离黄素的还原峰（$-544 \sim -540$ mV，SCE），其通过 2 电子氧化还原反应参与微生物的胞外电子传递。并且游离黄素具有相对更高的氧化还原峰电流，说明依赖于游离黄素的间接电子传递可能是 *B. megaterium* 的主导胞外电子传递机制。此外，随着 bio-Pd⁰ 负载量的增加，c-Cyts 氧化还原对峰电流分别从 14.84 μA/8.89 μA 增加到 76.20 μA/130.17 μA，游离核黄素还原峰电流从 33.05 μA 增加到 174.69 μA，表明原位合成的 bio-Pd⁰ 可以刺激细胞色素 c 和电子穿梭体（RF、FMN）的分泌，导致 π-π 作用增强，以加快胞外电子输出传递。c-Cyts 峰电流更高的提升倍数表明 bio-Pd⁰ 对 c-Cyts 介导的直接电子传递过程具有更显著的促进效果。

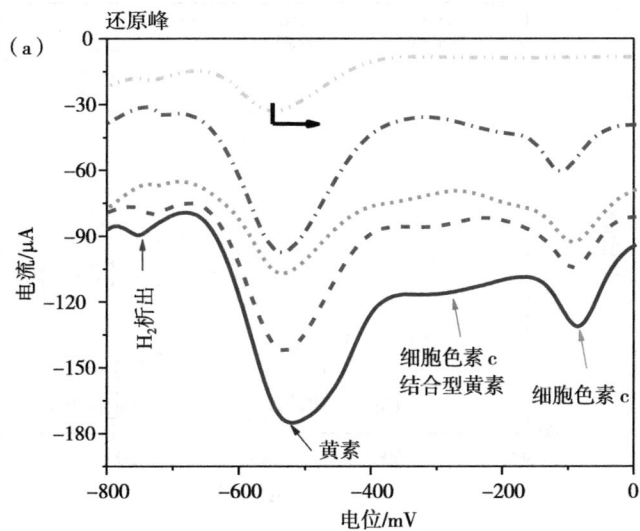

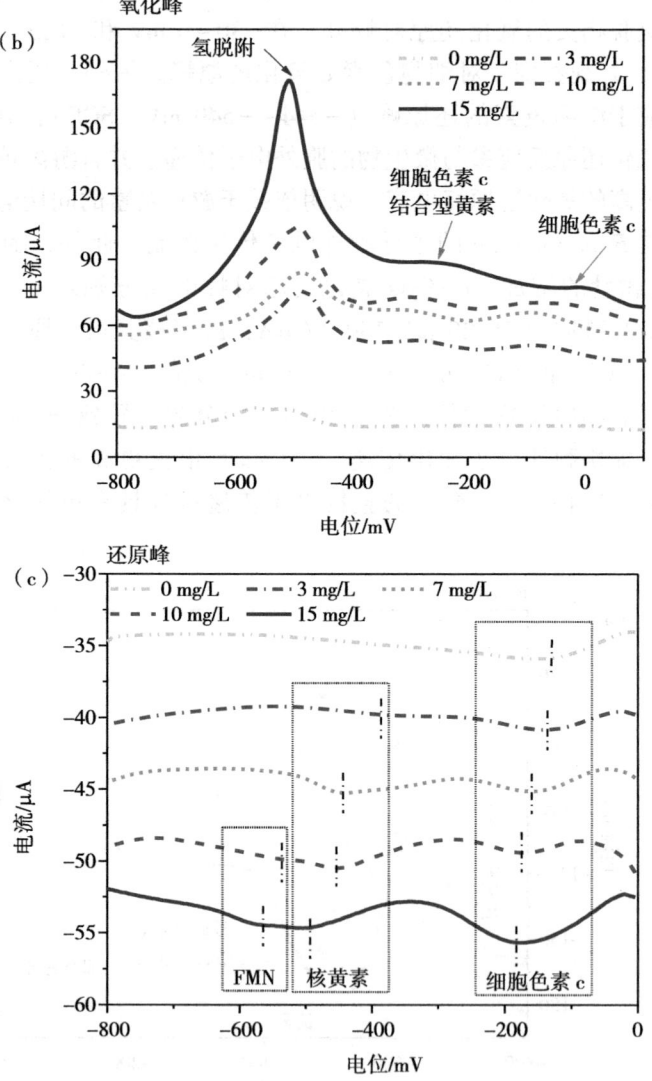

第五章 生物钯强化土霉素的胞外降解和脱毒机制研究

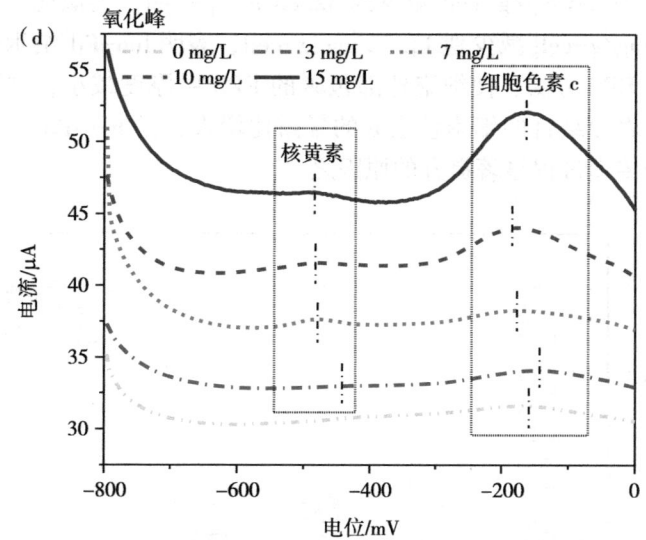

图 5-7 纯菌和 bio-Pd@Cells （a-b） 及分离
EPS （c-d） 的 DPV 测试曲线

更重要的是，与第二章的研究发现类似，在 -287 mV 处观察到 MHCs 结合型黄素的氧化峰。并且与纯菌相比，与多血红素细胞色素 （MHC） 结合的黄素 （E_p = -300 ~ -280 mV，SCE） 相关的峰电流随着 bio-Pd^0 的引入从 14.32 μA 增加到 51.93 ~ 89.01 μA，峰值电位从 -287 mV 分别正移至 -279 ~ -254 mV，表明 bio-Pd^0 能够诱导细胞色素 c 与黄素的结合，促进 2 电子反应向 1 电子反应过程的转变[82,163]，电子转移速率提高 3 ~ 5 个数量级。

胞外聚合物 （EPS） 由于含有丰富的氧化还原化合物已被证明具有优异的氧化还原能力。每个微生物细胞都被 EPS 包围，特别是革兰氏阳性菌具有更厚的 EPS 层，严重阻碍了微生物的胞外电子呼吸。了解 EPS 在胞外电子传递中的角色对于理解微生物的胞外矿物呼吸、污染物转化和生物产能至关重要。

如图 5-8 所示，随着 bio-Pd^0 负载量的增加，胞外 EPS 中的蛋白质从 71.56 mg/g-cell 减少到 32.88 mg/g-cell；类似地，多糖从 35.48 mg/g-cell 减少到 11.32 mg/g-cell，表明 bio-Pd⁰ 纳米粒子可以抑制 EPS 分泌，使细胞外部包裹的 EPS 层厚度减小，这可能导致细胞表面结合的细胞色素 c 的暴露比增大，是 bio-Pd⁰ 介导下直接电子传递过程显著提升的原因之一。

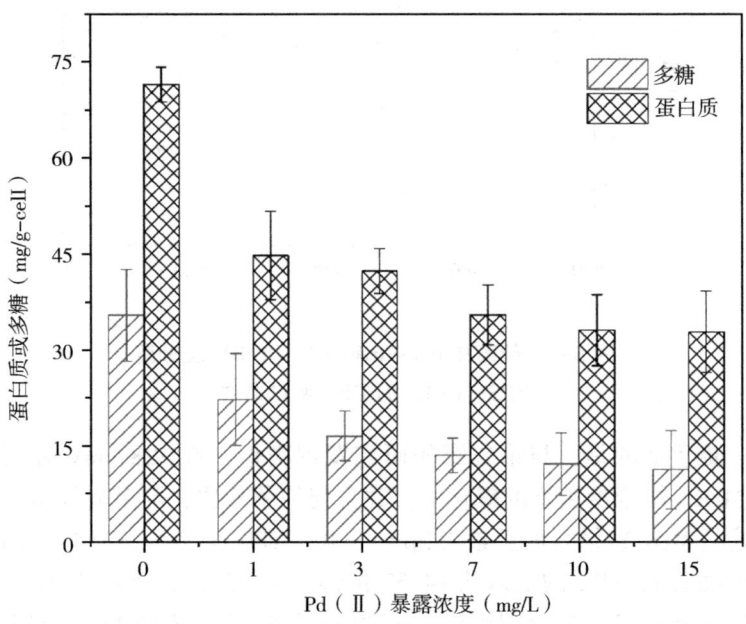

图 5-8　不同 Pd（Ⅱ）暴露浓度下制备的 bio-Pd@Cells 的
EPS 中蛋白质（PN）和多糖（PS）含量

另外，在这项工作中通过对提取的 EPS 进行 DPV 测试，并根据公式（5-1）进行理论计算[257]，相应的 DPV 测试结果和理论计算结果如图 5-7 和表 5-1 所示。

$$Q_{formal} = \frac{\pi v}{k_0 \Delta E} Q_{DPV} \qquad (5-1)$$

式中，Q_{DPV} 表示 DPV 峰值电荷，由峰面积获得；ΔE 是 DPV

电位脉冲增量，0.006 V；k_0 是标准电化学电子转移速率常数，0.026/s（通过 Laviron 方法获得）；v 是扫描速率。

在纯菌的 EPS 中检测到 c-Cyt 的氧化还原对峰（-176 mV/-136 mV）和游离黄素的氧化峰（-400 mV）。随着 Pd（Ⅱ）暴露浓度提升到 15 mg/L，不仅 c-Cyts 的阳极/阴极峰电流从 31.63 μA/36.01 μA 显著增加到 52.03 μA/55.74 μA，并且随着 bio-Pd^0 的嵌入，游离核黄素和 FMN 的还原峰也分别被检出，当暴露浓度达到 15 mg/L 时，对应游离黄素的阳极/阴极峰电流搞到 46.52 μA/54.78 μA，FMN 的还原峰电流增加到 54.51 μA。计算结果显示，随着预培养 Pd（Ⅱ）暴露浓度增加到 7~15 mg/L，EPS 层中包含的总电荷数（Q_{formal}）显著上升，从 0.752×10^{-4} C 增加到 $2.022 \times 10^{-4} \sim 3.648 \times 10^{-4}$ C，相应的氧化还原位点数从 0.7×10^{-8} mol 增加到 $4.5 \times 10^{-8} \sim 7.2 \times 10^{-8}$ mol（图 5-7c、图 5-7d 和表 5-1），几乎达到了 Xiao 等[251]研究结果的 10~20 倍，表明原位合成的 bio-Pd^0 可以嵌入 EPS 中并充当电子穿梭体，提高 EPS 层中的氧化还原位点数，从而缩短 bio-Pd@Cells 的 EPS 层中氧化还原位点之间的平均距离，显著加速电子跃迁速率[251]。

表 5-1 基于 DPV 曲线的理论计算

Pd（Ⅱ）浓度	峰类型	峰电位/mV	峰电流/μA	Q_{DPV}/C	Q_{formal}/C
0 mg/L	氧化峰	-168	31.61	2.05×10^{-7}	0.410×10^{-4}
	还原峰	-148	-35.91	1.71×10^{-7}	0.342×10^{-4}
3 mg/L	氧化峰	-152	34.09	2.50×10^{-7}	0.5×10^{-4}
	还原峰	-140	-40.84	2.07×10^{-7}	0.414×10^{-4}
7 mg/L	氧化峰	-184	38.25	2.98×10^{-7}	0.596×10^{-4}
	还原峰	-160	-45.14	3.18×10^{-7}	0.636×10^{-4}
	氧化峰	-480	37.65	0.70×10^{-7}	0.14×10^{-4}
	还原峰	-440	-45.26	3.25×10^{-7}	0.650×10^{-4}

(续表)

Pd（Ⅱ）浓度	峰类型	峰电位/mV	峰电流/μA	Q_{DPV}/C	Q_{formal}/C
10 mg/L	氧化峰	-176	44.01	6.67×10^{-7}	1.334×10^{-4}
	还原峰	-172	-49.42	4.28×10^{-7}	0.856×10^{-4}
	氧化峰	-484	41.57	1.82×10^{-7}	0.364×10^{-4}
	还原峰	-452	-50.49	0.88×10^{-7}	0.176×10^{-4}
15 mg/L	氧化峰	-164	52.07	1.29×10^{-6}	0.258×10^{-4}
	还原峰	-124	-55.68	7.93×10^{-7}	1.586×10^{-4}
	氧化峰	-492	46.49	2.08×10^{-7}	0.416×10^{-4}
	还原峰	-464	-54.47	6.94×10^{-7}	1.388×10^{-4}

综上分析可知：一方面，基于生物产氢过程，bio-Pd⁰ 能够通过非生物催化加氢过程，利用 H_2 或者 H_2 裂解产生的 H^* 对 OTC 进行降解；另一方面，bio-Pd⁰ 能够促进 NADH 的酶促和非酶促再生提高细胞 NADH 水平，加速电子转移系统的活性，并且建立一条不依赖于细胞呼吸链的电子传递通路，结合显著增强的直接电子传递和结合型黄素介导的 1 电子反应过程，增大细胞的胞外电子输出通量，从而强化 OTC 的胞外生物降解。此外，加快的电子传递能够产生更大的质子梯度，从而促进 ATP 酶活性，加速能量依赖性的 OTC 外排和谷胱甘肽共转运，结合加速的谷胱甘肽的消耗，有效地缓解了由活性氢引起的胞内氧化还原失衡，降低了纳米粒子和 OTC 的生物毒性。总之，化学催化与酶促过程的协同降解结合有效缓解的生物毒性共同促成了 OTC 胞外生物降解（图 5-9）。

5.6 OTC 降解路径分析

利用 LC-MS 对降解过程的中间产物进行了检测，14 种中间产物的保留时间、质荷比（m/z）和结构式见图 5-10 和表 5-2。结

第五章 生物钯强化土霉素的胞外降解和脱毒机制研究

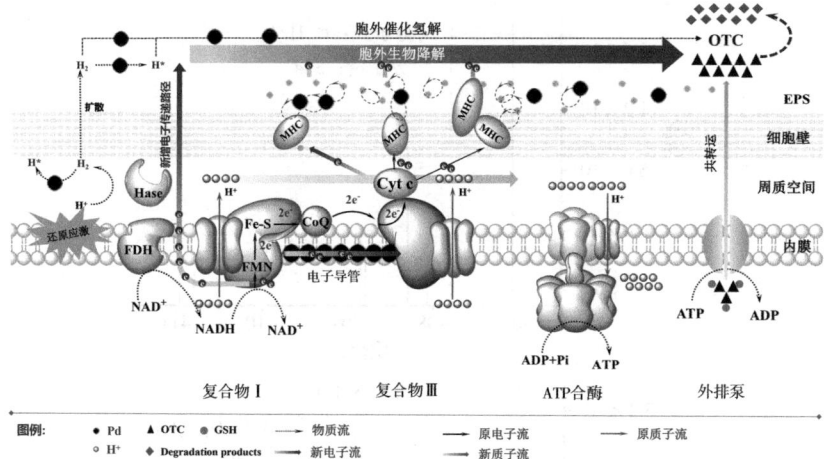

图 5-9　bio-Pd@Cells 的 OTC 降解机理

合之前的报道，提出了 5 种可能的 bio-Pd@Cells 降解 OTC 的途径，包括水解、脱甲基、脱氨基和脱水、脱羧基和脱羟基过程。具体的降解路径如图 5-11 所示。

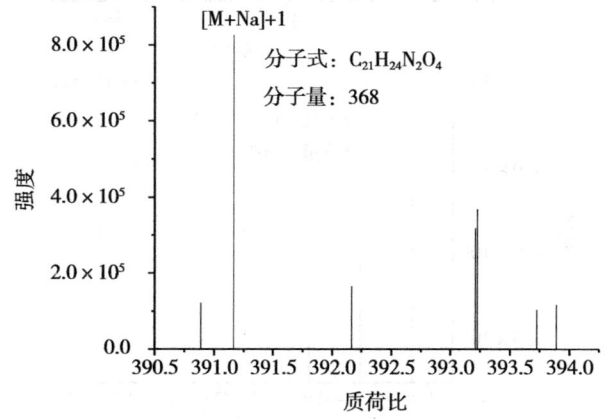

分子式：$C_{21}H_{24}N_2O_4$
分子量：368

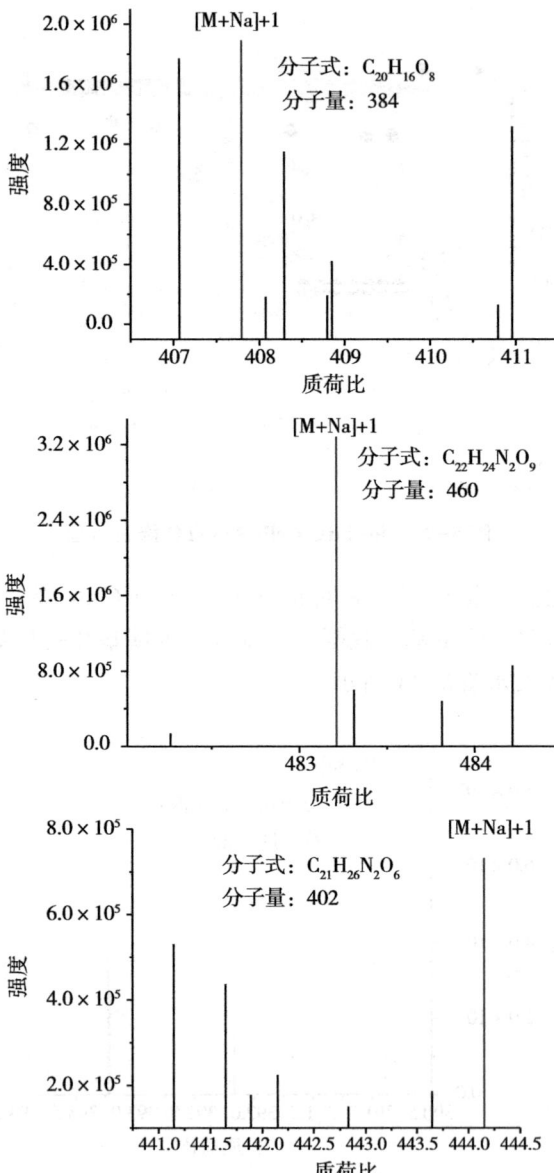

第五章 生物钯强化土霉素的胞外降解和脱毒机制研究

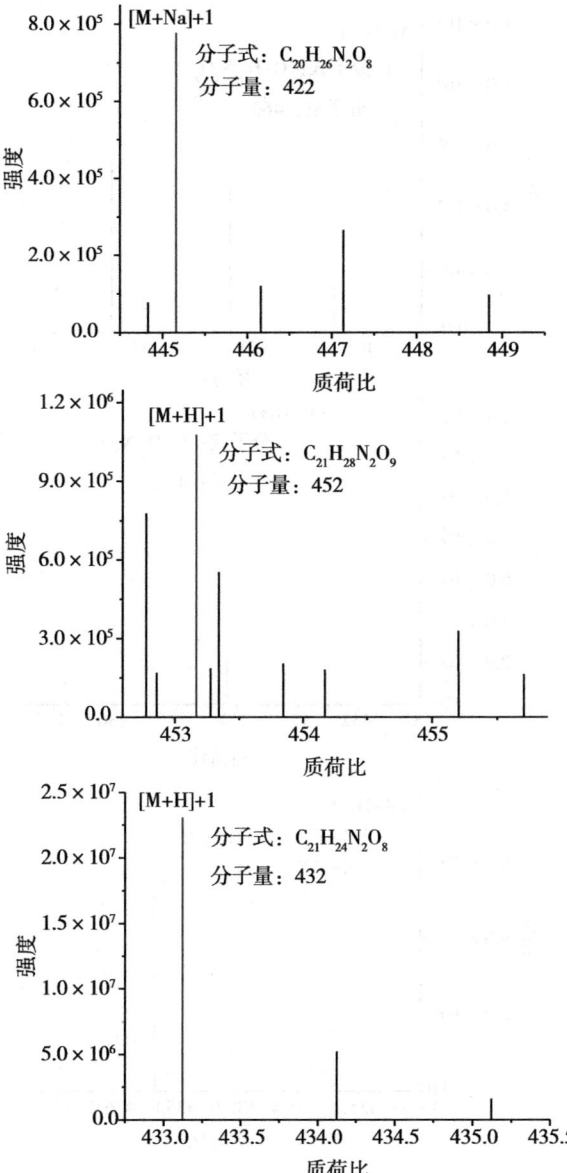

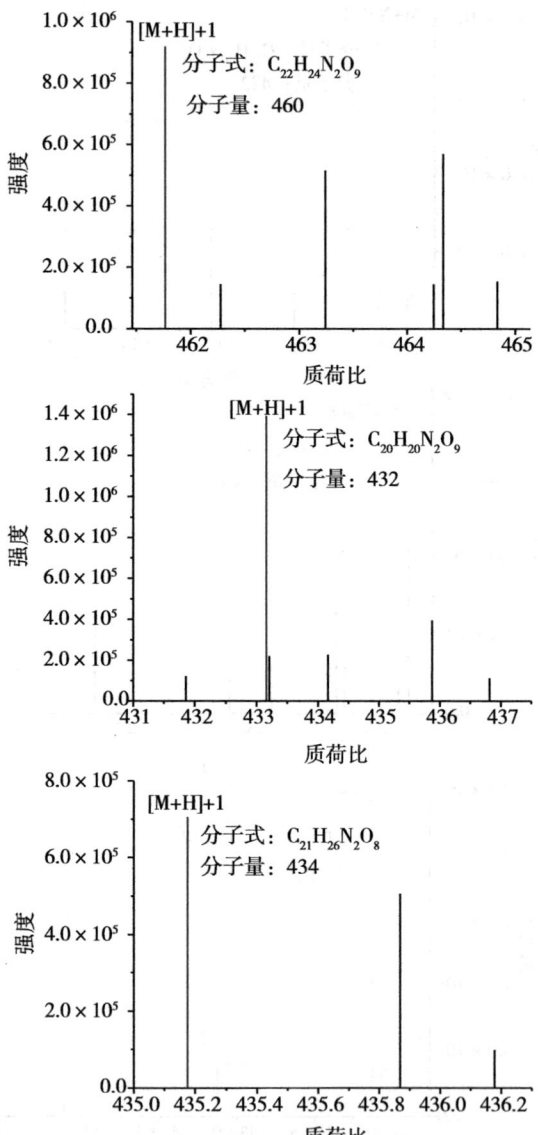

第五章 生物钯强化土霉素的胞外降解和脱毒机制研究

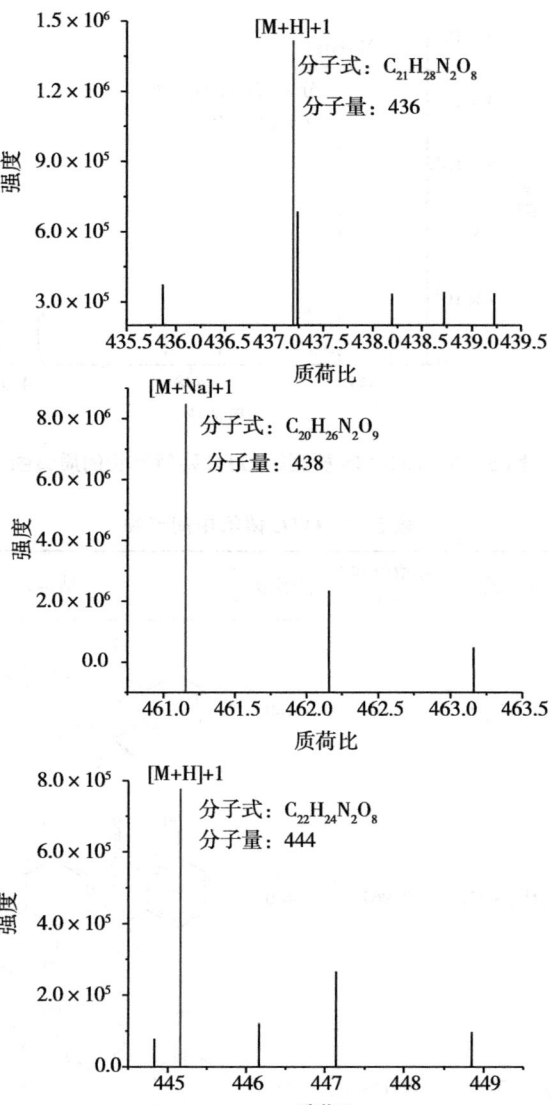

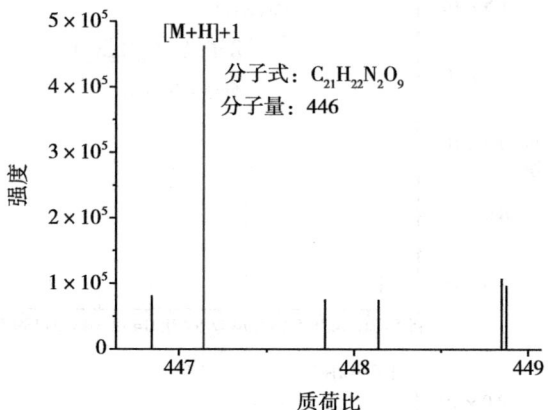

图 5-10 LC-MS 检测的 OTC 降解产物的质谱图

表 5-2 OTC 降解中间产物

产物	分子式	停留时间/min	质荷比	结构式
OTC	$C_{22}H_{24}N_2O_9$	5.63	460	
P1	$C_{22}H_{24}N_2O_9$	7.967	460	
P2	$C_{20}H_{20}N_2O_9$	7.173	432	

(续表)

产物	分子式	停留时间/min	质荷比	结构式
P3	$C_{20}H_{16}O_8$	8.795	384	
P4	$C_{21}H_{24}N_2O_8$	5.576	432	
P5	$C_{21}H_{26}N_2O_8$	5.182	434	
P6	$C_{21}H_{28}N_2O_8$	9.017	436	
P7	$C_{21}H_{26}N_2O_6$	6.770	402	

(续表)

产物	分子式	停留时间/min	质荷比	结构式
P8	$C_{21}H_{24}N_2O_4$	10.516	368	
P9	$C_{21}H_{22}N_2O_9$	7.179	446	
P10	$C_{21}H_{28}N_2O_9$	5.513	452	
P11	$C_{20}H_{26}N_2O_9$	5.737	438	
P12	$C_{20}H_{26}N_2O_8$	7.513	422	

(续表)

产物	分子式	停留时间/min	质荷比	结构式
P13	$C_{22}H_{24}N_2O_8$	5.164	444	
P14	$C_{20}H_{26}N_2O_8$	7.137	416	

产物 P-1 (RT=7.967 min, m/z=460) 的检出表明 OTC 可以水解为其同分异构体 Iso-OTC (途径 1)。此外，OTC 分子中与 N 连接的两个甲基具有较弱的原子键，很容易受到攻击断裂[282]，通过连续脱甲基和脱氨基过程，以及 C5 处的羟基和 C4a 处的邻氢的脱水反应后，OTC 能够被降解为 P-2 (RT=7.173 min, m/z=432) 和 P-3 (RT=8.795 min, m/z=384) (途径 2)[283]。此外，C6 上的羟基可以与 C12 上的羟基脱水形成醚键，形成新产物 P-7 (m/z=402)。Leng 等[58]利用嗜麦芽窄食单胞菌 DT148 对四环素进行生物降解过程中也发现了类似的反应。

OTC 能够通过在 C1 处失去一个 CO 基团转化为 P-4 (RT=5.576 min, m/z=432)，或在 C5 处失去一个 O 原子后转化为 P-13 (RT=5.164 min, m/z=444)，表明 Tsuji-Wilkinson 脱羧基反应以及脱水加氢的脱羟基反应在 bio-Pd@Cells 的 OTC 降解过程中发生，这在厌氧生物降解路径中鲜有报道，但在贵金属如 Pt、Pd 和 Rh 的催化氢解过程中经常发生[284]。按照相同的反应路径，P-2 和 P-11 (RT=5.737 min, m/z=438) 被进一步降解为 P-14

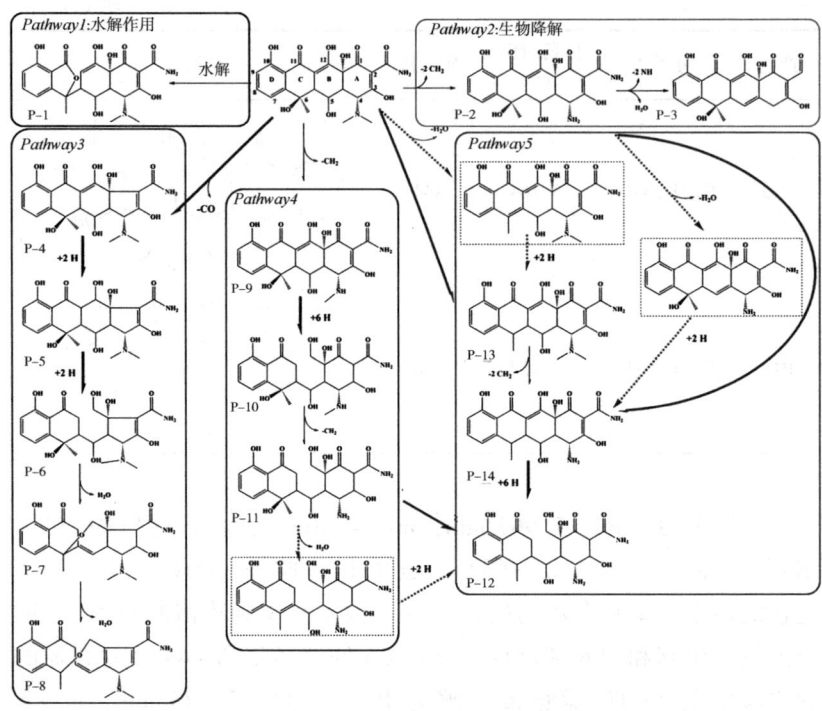

图 5-11 推测的 OTC 降解路径

（RT=7.137，m/z=416）和 P-12（RT=7.513 min，m/z=422）。

此外，与传统生物降解中的基于羟基化、甲基化或羧基化的酶促开环途径不同，如途径 4 所示，OTC 脱甲基产物（P-9）中 C11a-C12 双键具有最高的反应活性，能够通过加氢开环过程直接断裂形成产物 P-10（RT=5.513 min，m/z=452），这在过渡金属（如 Pd）的催化反应中十分常见。类似地，途径 5 中的产物 P-11 和途径 3 中的 P-5 分别转化为产物 P-12 和 P-6。中间产物 P-4 的检出进一步证实了氢化反应的参与。

因此，bio-Pd@Cells 在 OTC 生物降解过程中发生了加氢饱和、加氢开环、脱羟基和脱羧基等反应。经文献调研，这是关于 OTC

生物降解过程中 H_2 和原子 H^* 参与 OTC 加氢开环的首次报告。尽管最近在环丙沙星降解的研究中也发现了烯键的氢化现象,但该反应仅在外源 H_2 存在下,通过化学合成的 Pd^0 纳米粒子催化的非酶反应过程中发生[285]。

更重要的是,与传统的好氧生物降解不同,在 OTC 生物降解过程中产生了大量的加氢开环中间产物,而非高毒性的羟基化和羧基化产物。根据生态毒性评估(图 5-12),与母体污染物 OTC 相比,由于加氢开环反应的主导,所有中间产物的急性和慢性毒性均降低,这对于确保公共卫生安全尤为重要。

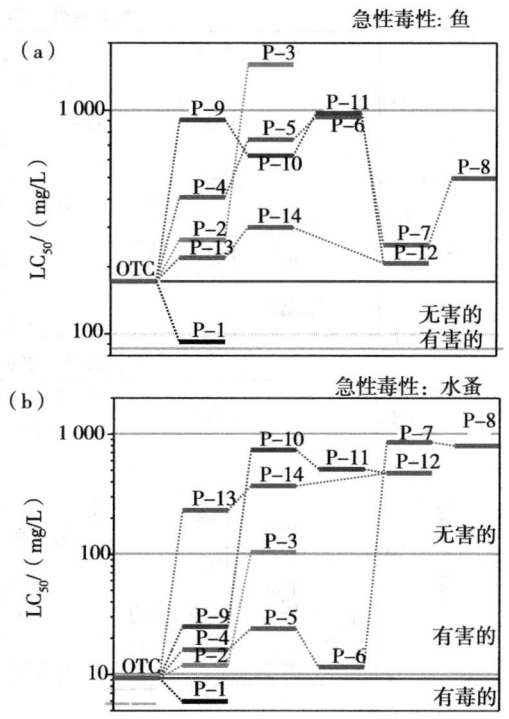

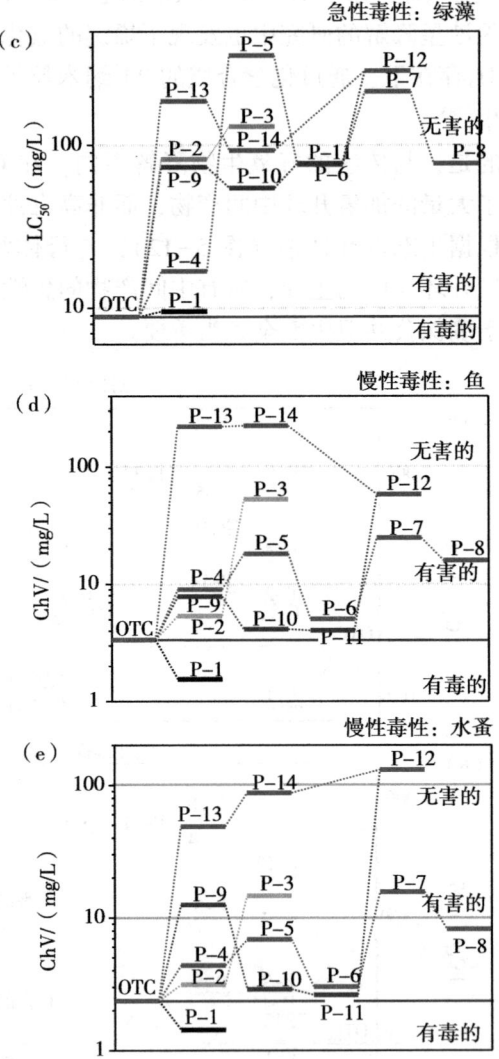

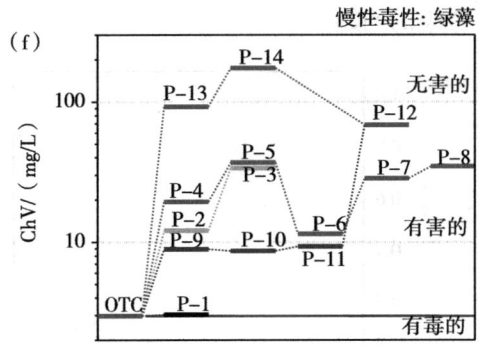

图 5-12 OTC 降解中间产物的急性毒性和慢性毒性评估

5.7 生物钯纳米粒子的稳定性和 OTC 的可持续降解性

为了测试生物钯纳米粒子的稳定性，每 72 h 向 bio-Pd@Cells 反应体系中添加 10 mg/L 的 OTC，测定该体系中 OTC 的降解率。实验结果如图 5-13 所示，在乳酸盐为电子供体时，反应 3 个循环后，OTC 的降解效率下降至 78.53%，这是由于微生物的生物量增加，单细胞的钯负载量下降，且长期运行下钯纳米粒子出现团聚导致催化活性降低。但是由于微生物只能利用甲酸盐作为电子供体，而无法利用其作为碳源进行生长代谢，因此在甲酸盐体系中，反应 3 个循环后，微生物不仅没有生长，反而表现出明显的衰亡，并且 bio-Pd^0 大量团聚，OTC 降解效率大幅降低，只有 58.47%。Yong 等[132]的研究也表明，在厌氧培养条件下，原位纳米封装能够抑制细胞分裂活动并延长滞后期，在电极呼吸培养条件下，60 h 内原位合成生物 FeS 的微生物并显示出明显的生长。这些结果表明在短期的运行过程中，在乳酸盐体系中 bio-Pd@Cells 具有较高的稳定性，但是对于极长期的应用，细胞生长是不可避免的，必然会削弱纳米粒子的强化机制，因此如何原位合成实现纳米粒子的自我修复是一个值得考虑的问题。

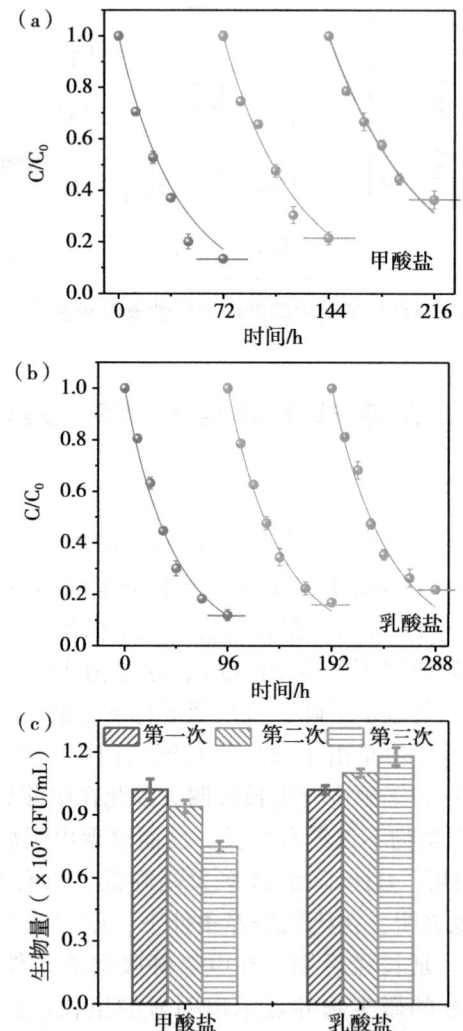

图 5-13　bio-Pd@Cells 循环降解实验中甲酸盐（a）和
乳酸盐（b）体系中 OTC 的降解效率和细菌生物量变化（c）

5.8 本章小结

在本研究中，利用 B. megaterium 原位合成 bio-Pd^0，建立了一个耦合酶促与非酶降解过程于一体的 OTC 降解强化系统。通过动力学分析、抑制实验、电化学测试和降解中间产物分析阐明了 bio-Pd@Cells 的 OTC 降解机制，其主要的结论如下：

（1）原位合成的 bio-Pd^0 刺激了 B. megaterium 的 OTC 降解性能，并且在一定范围内 OTC 降解速率随着 bio-Pd^0 负载量的增加线性上升。外加生物活性抑制剂和利用剥离的 bio-Pd^0 的 OTC 降解动力学分析结果表明 bio-Pd@Cells 的 OTC 降解性能的大幅提升是 bio-Pd^0 化学催化和介导酶促降解共同作用的结果。此外，在短期运行过程中（10 d 左右）bio-Pd@Cells 能够保持较高的稳定性以及对污染物的持续可降解性。

（2）TBA 淬灭 H*、氮气吹扫以及 EPR 检测的实验结果显示：bio-Pd^0 能够通过基于 H* 的 Horiuti-Polanyi 和基于 H$_2$ 的 nonHoriuti-Polanyi 两种催化加氢过程催化 OTC 的降解，其中后者占主导。分离细胞组分的 OTC 降解实验结果显示：OTC 生物降解主要发生在胞外，与膜结合蛋白、胞外酶以及胞外电子呼吸过程有关，有效避免了具有空间位阻效应的大分子物质的跨膜扩散限制，为强化细菌对大分子污染物的降解能力提供了新思路。

（3）电化学分析以及靶向呼吸抑制实验结果表明：原位合成的 bio-Pd^0 可以通过生物介导作用建立一条新的不依赖呼吸链的电子传输通道。结合显著增强的直接电子传递过程和结合型黄素介导的单电子反应路径，证明电子的胞外输出通量增大是 bio-Pd^0 加速 B. megaterium 的 OTC 胞外降解的主要原因之一。

（4）与化学纳米粒子的生物毒性作用不同，原位自组装合成的具有高生物相容性的 bio-Pd^0 能够加速 NADH 再生、电子的产生和传递以及质子跨膜转移，从而增强微生物的能量代谢，进一步加速能量依赖型的抗生素—谷胱甘肽共转运外排，有效缓解了抗生素和纳米颗粒的生物毒性。并且 DCCD 抑制实验结果表明，bio-Pd^0 的引入能够调节质子移位从而调控微生物的能量代谢，但具体的调控机制需进一步深入探究。

（5）不同于常规生物体系 OTC 的羟基化和羧基化转变，在 bio-Pd@Cells 系统中，OTC 的降解以基于 H_2 和 H^* 的氢解反应和加氢开环反应为主导，结合脱羟基、脱氨基和脱羧基等多种过程，被转化为生物毒性较低的中间产物，有效避免了高毒性中间产物的积累，确保了生态系统乃至公共卫生的安全。

第六章　跨膜质子梯度对跨膜电子传递与能量代谢的调控机制研究

6.1　引言

尽管近几年在 EET 分子机制方面的研究已经取得了较大的进展，但由于非导电细胞膜的阻碍和其自身较差的可控性，胞外呼吸在实际应用中仍然受到低 EET 效率的限制。尤其是革兰氏阳性菌，由于缺少富含大量氧化还原活性蛋白的外膜结构，而且含有较厚的非导电肽聚糖层，其胞外电子传递效率极低。研究者已经尝试通过引入外源电子介体、基因工程操纵基因表达，以及添加具有良好的电化学性能的纳米材料来精确改善 EET[155]。考虑到操作简单和生态风险较低，引入金属或半导体纳米颗粒，尤其是具有高生物相容性和低生物毒性生物纳米颗粒，被认为是调节微生物电子传递的潜在策略之一。在前两章的研究中，已经证实由革兰氏阳性菌 *B. megaterium* Y-4 合成的 bio-Pd^0 不仅能够嵌入细胞质膜形成连接复合物 I 和复合物 III 的电子传输导管，还能建立一条不依赖呼吸链的胞外电子传递路径，将电子从内膜转移到外部电子受体，增大电子的输出通量，从而促进 OTC 催化加氢作用主导的胞外降解。然而，这些研究均聚焦在生物纳米材料对微生物胞内—胞外电子传递过程的介导作用。在第五章的研究中推测，纳米粒子的引入可能能够调控质子移位来影响微生物的能量代谢，但具体的作用机制尚不明确。

微生物可以通过与能量代谢相关的电子转移过程合成 ATP，以维持细胞生长和代谢活动。微生物的能量代谢策略多样，因物种和栖息地而异且对生态位具有高度依赖性,因此被认为是微生物动力学的最基本反应[286]。根据经典的化学渗透假说,能量代谢和电子传输过程通常是以质子梯度为媒介相耦合的,即细胞内底物氧化驱动细胞质膜上电子转移以建立 PMF,进而通过 ADP 的磷酸化来驱动 ATP 的形成。然而,关于能量代谢与细胞外电子转移之间的关系的报道很少。截至目前,我们只知道解偶联剂 3,3′,4′,5−四氯水杨酰胺(TCS)的添加可以促进细胞外电子转移[287],而 FeS 纳米颗粒则可以通过介导细胞外电子吸收过程诱导硫酸盐还原菌能量代谢策略的转换[82]。这种能量代谢是否与细菌的 EET 过程相耦合,以及改变跨膜质子梯度是否可以成为一种外部操控微生物 EET 的方式,这些问题至今仍未解决。

本章,我们阐明了跨膜质子梯度对细胞外电子转移和能量代谢的联动介导机制,通过 B. megaterium 原位合成的 bio-Pd^0 对微生物的电子传递和能量代谢进行优化,从而实现了胞外 OTC 的高效降解。此外,还通过细胞分离实验、热处理实验、呼吸抑制实验、电化学测量和结构方程模型等手段,探讨了质子梯度对跨膜电子传递和能量代谢的调节机制。据我们所知,这是首次尝试研究 TPG 对革兰氏阳性菌能量代谢和 EET 过程的同步控制。这一发现为微生物 EET 和生物电化学过程的操纵提供了一定的理论指导。

6.2 胞外 pH 值对 bio-Pd@Cells 的 OTC 生物降解性能的影响

在第五章的研究中已经发现纯菌几乎不能降解 OTC,因此在本章中只进行了 bio-Pd@Cells 的 OTC 降解性能实验。

如图 6-1a 所示,在最初的 12 h 内,随着 pH 值从 6 增加到 8.5,OTC 去除效率依次降低,从 (39.8±1.35)% 下降到 (33.5±2.07)%、(29.7±0.58)%、(17.9±1.28)%、(15.5±1.64)% 和 (13.6±0.93)%。但是 12 h 后不同 pH 值条件下的 OTC 去除速率发

生了显著的变化，72 h 的 OTC 去除率随 pH 值的增大呈现出先增加后降低的趋势；在 pH 值为 7.5 时，OTC 的总去除率最大可达 99.5%，高于 Li 等[288]和 Shao 等[55]分离的四环素优势降解菌 *Pandoraea* sp. TJ3（80.3%）和 *Klebsiella* SQY5（81.36%）的 OTC 降解效率。而在接种了灭活的纯菌的空白对照组中，也观察到类似的变化趋势，且 OTC 浓度曲线在 12 h 时出现了一个明显的拐点。结合空白对照组的实验结果，我们推测微生物存在一段适应期，反应初期吸附和水解是主要去除机制，而 OTC 在不同 pH 值条件下的存在形式多样（包括完全质子化形式、两性离子形式、单阴离子形式和双阴离子形式），导致不同 pH 值条件下 OTC 的吸附性能和稳定性差异显著。如图 6-1b 所示，当 pH 值为 6 时，OTC 的主要存在形式为 OTC^0，而随着 pH 值增加至 8.5，OTC 的比例逐渐增加，并取代 OTC^0 而占主导地位。而细菌表面通常带负电，基于静电吸附理论，酸性条件更有利于吸附去除 OTC，从而导致 12 h 内的去除效率随碱度的升高持续降低。然而，当吸附达到平衡后，OTC 降解占主导地位，当 pH 值从 6 增加到 7.5 时，伪一级降解速率常数从 0.018 3/h 增加到 0.068 8/h，但随着 pH 值进一步升高至 8 和 8.5 时，分别下降到 0.039 0/h 和 0.023 4/h。

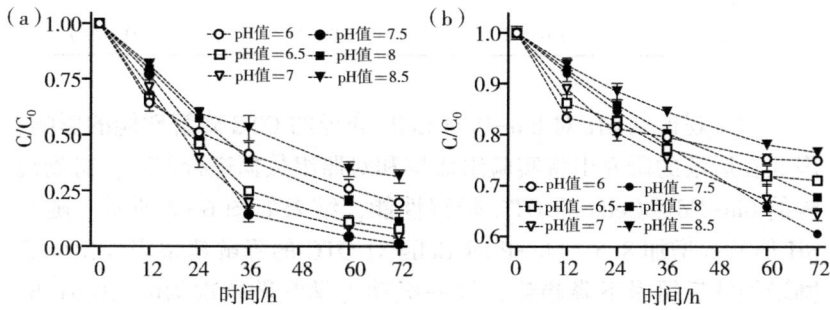

图 6-1　pH 对 bio-Pd@Cells 的 OTC 去除性能的影响

(a)：实验组；(b)：对照组

为了验证这一推测，采用了 Wang 等[289]开发的将吸附和降解整合于一体的改进一级动力学模型来拟合 OTC 降解，相应的拟合参数如表 6-1 所示。在所有的实验条件下，拟合相关性系数 R^2 均高于 0.95，表明改进一级动力学模型的拟合度较高，能够较好地描述 bio-Pd@Cells 中的 OTC 去除性能。与上述推测相一致，有效性系数随着 pH 值的上升逐渐增加（从 0.011 4/h 增加至 0.035 1/h），进一步证实 pH 值越高，OTC 的吸附去除效率越低。此外，与伪一级动力学常数随 pH 值的变化趋势相同，降解速率常数 k' 在 pH 值为 6~7.5 的范围内逐渐增加，随后下降。这些结果进一步支持了上述推测，即由于不同 pH 值条件下 OTC 的主要存在形式不同，不同 pH 值条件下的基于吸附水解作用去除 OTC 差异显著。

表 6-1 改进一级动力学模型拟合结果

pH 值	有效系数 a	降解速率常数 k'	R^2
6	0.011 4	0.025	0.986 0
6.5	0.019	0.044	0.963 6
7	0.024 2	0.07	0.979 2
7.5	0.030 4	0.092	0.994 7
8	0.033 7	0.056	0.989 0
8.5	0.035 1	0.034	0.979 7

为直观评判 pH 对 bio-Pd@Cells 介导的 OTC 降解性能的影响，因此在后续的研究中将实验组数据和对照组数据进行差减，得到纯粹的 bio-Pd@Cells 的 OTC 降解性能，结果如图 6-2 所示。随着 pH 值从 6 增加 8.5，bio-Pd@Cells 对 OTC 的降解速率表现出先急剧增加然后缓慢下降趋势，伪一级动力学常数依次为 0.010 61/h、0.014 95/h、0.013 03/h、0.012 32/h、0.011 81/h 和 0.009 54/h；在 pH 值为 6.5 时 OTC 降解速率最快，72 h 的 OTC 降解效率达到 63.3%。

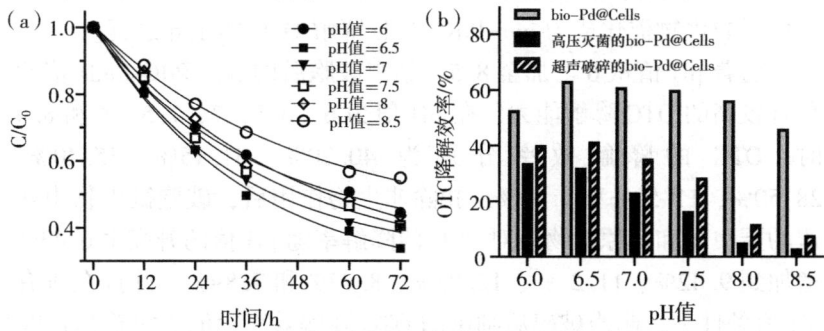

图 6-2　不同 pH 值条件下 bio-Pd@Cells 的 OTC 生物降解动力学（a）、不同 pH 值条件下，bio-Pd@Cells、超声破胞以及高压灭活的细胞在 72 h 内的 OTC 降解效率（b）

所有的去除效率均为扣除相应对照组中通过水解或吸附作用的 OTC 去除效率获得

为进一步量化 OTC 的生物降解贡献并明确 OTC 的生物降解机理，本研究通过将微生物细胞进行高压灭菌和超声破胞处理来探究 bio-Pd^0 的非生物降解贡献和细胞中的蛋白酶和还原性物质对 OTC 的降解贡献，结果如图 6-2b 所示。从高压灭菌后的细胞残片的 OTC 降解效率可知：不同 pH 值条件下，bio-Pd^0 对 OTC 的非生物降解贡献存在显著的差异。在 pH 值为 6 和 6.5 条件下，bio-Pd^0 对 OTC 降解的非生物贡献较大，OTC 去除率分别高达 33.77% 和 32.03%，而随着 pH 值的增大，bio-Pd^0 的催化效率降低，特别是 pH 值超过 8 之后，bio-Pd^0 对 OTC 的催化降解效率只有 3.01%~5.13%。这些结果表明在 pH 值为 6~8.5 范围内，随着 pH 值的升高，bio-Pd^0 纳米粒子的非生物催化作用对 OTC 降解的贡献率从 76.28% 降低到 17.17%，这是因为在偏碱性条件下，bio-Pd^0 容易与仲氨基基团结合导致催化剂失活，从而导致非生物的催化活性降低。通过差减计算得到完整的 bio-Pd@Cells 的 OTC 生物降解效率：即随着 pH 值从 6 增加到 6.5、7、7.5、8 和 8.5，OTC 的生物降解率由 18.93% 增加到 31.27%、36.91%、43.60%、51.17% 和

42.99%，生物降解的贡献率从23.72%提高到82.82%，生物降解取代了非生物催化成为bio-Pd@Cells降解OTC的主导过程。

随着pH值从6增加至8.5，超声破胞后的bio-Pd@Cells依然具有较高的OTC降解能力，在pH值为6、6.5、7、7.5、8和8.5时，OTC的降解效率分别为40.20%、41.15%、35.40%、28.50%、11.50%和7.90%。扣除非生物作用后，破胞微生物中残留的蛋白酶和还原性物质对OTC的降解率随pH值的升高由6.43%增加到9.42%、11.21%、12.03%、8.77%和7.89%。并且在所有pH值条件下，超声破碎后细胞的OTC降解效率远低于完整bio-Pd@Cells的OTC降解效率，随着pH值从6增加到8，OTC去除的损失量从12.5%逐渐增加到42.4%，这表明可能存在依赖于完整呼吸链的生物过程参与甚至主导了bio-Pd@Cells对OTC的生物降解。

6.3 跨膜质子梯度对bio-Pd@Cells胞内生物代谢的影响

据报道，质子动力势是ATP合成的驱动力，在能量代谢中起着重要作用，而TPG和膜电位（$\Delta\Psi$）是构成PMF的两个主要因素。人为改变胞外环境中的pH值会改变质子梯度，从而影响PMF，最终干扰微生物代谢[290]。TPG和ΔTPG（初始TPG与稳态TPG之差）的具体计算如下。

$$TPG = pH_{in} - pH_{out} \tag{6-1}$$

$$\Delta TPG = TPG_{(initial)} - TPG_{(steady-state)} \tag{6-2}$$

式中，pH_{in}和pH_{out}分别表示细胞质内和细胞周质/胞外环境中的pH值。

为探究胞外pH值对微生物胞内代谢的影响，进一步分析了不同pH值条件下bio-Pd@Cells的代谢活性和氧化还原状态，结果如图6-3所示。随着pH值从6增加到8.5，TPG从1.77线性下降

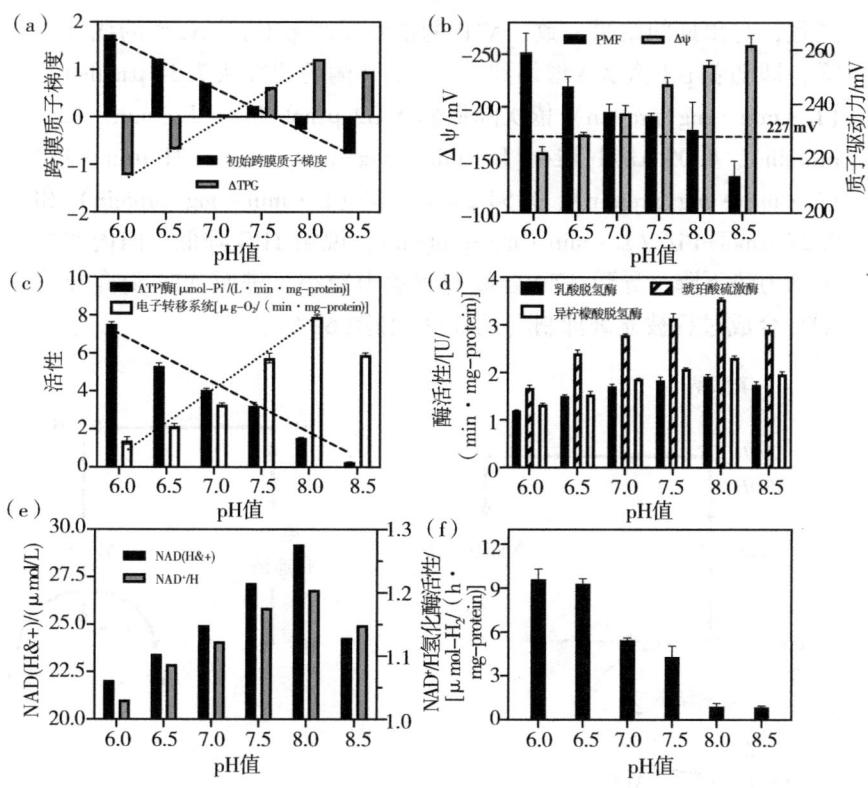

图 6-3 pH 对 bio-Pd@Cells 的生化指标的影响

(a): 初始跨膜质子梯度 (TPG) 以及稳态 TPG 与初始 TPG 的差值 (ΔTPG); (b): 跨膜电位和质子动力势; (c): ATP 酶和电子传递系统活性; (d): LDH、IDH 和 STH 酶活性; (e): NADH 总量和 NAD$^+$/NADH 和 (f): 氢化酶活性

到 1.27、0.77、0.16、−0.34 和 −0.75, 但是随着 pH 值的增加, ΔTPG 则在 pH 值 6~8 范围内呈线性上升 (图 6-3a)。同时, 随着 pH 值从 6 增加到 6.5、7、7.5 和 8, 膜电位 (ΔΨ) 逐渐从 −157 mV 下降到 −174 mV、−194 mV、−222 mV 和 −240 mV (图 6-3b), 根据计算公式 ($PMF = \Delta\Psi - 61\Delta pH$) 得到相应的 PMF 从

259 mV 下降到 246 mV、237 mV、235 mV 和 230 mV（图 6-3b）。并且，与预期的结果一致，ATP 酶活性呈现 pH 值依赖性的线性下降，即随着 pH 值从 6 增加到 8.5，ATP 酶的活性从 7.54 μmol-Pi/（L·min·mg-protein）依次降低到 5.32 μmol-Pi/（L·min·mg-protein）、4.05 μmol-Pi/（L·min·mg-protein）、3.21 μmol-Pi/（L·min·mg-protein）、1.54 μmol-Pi/（L·min·mg-protein）和 0.27 μmol-Pi/（L·min·mg-protein），说明 TPG 降低，向内的质子动力势下降，导致 ATP 合成的驱动力减小，进而 ATP 酶介导的 ATP 合成过程被显著抑制（图 6-3c 和图 6-4）。

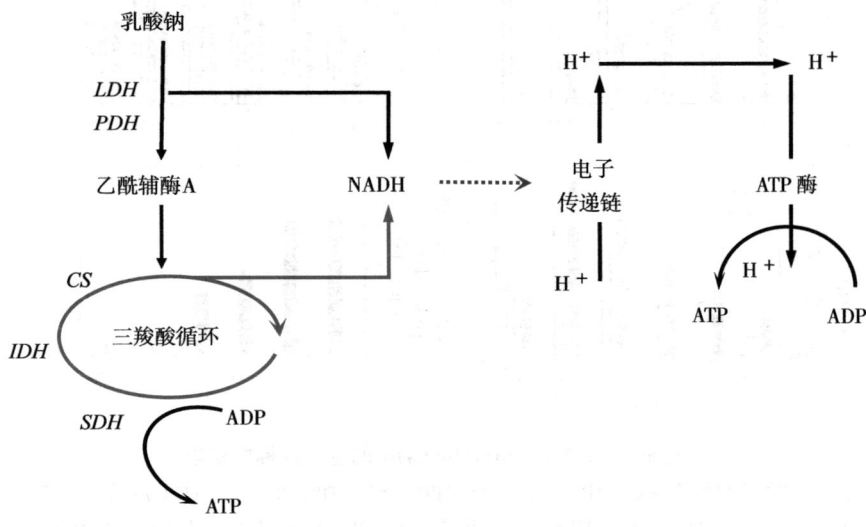

图 6-4　bio-Pd@Cells 代谢过程

然而，pH 值在 6~8 的范围内，bio-Pd@Cells 的 NADH 和 NAD^+ 的总量 [NAD(H&+)] 随 pH 值的增加从 22.28 μmol/L 增加到 23.45 μmol/L、24.97 μmol/L、27.18 μmol/L 和 29.89 μmol/L（图 6-3e），并且 NAD^+/NADH 从 1.03 增加到 1.08、1.12、1.17 和 1.20，表明在较低的跨膜质子梯度条件下，NADH 的生成

和消耗过程均显著增强，从而产生更多的电子和质子。类似地，在 pH 值 6~8 范围内，ETS 活性也表现出 pH 依赖性的线性增加，即随 pH 值的增加，ETS 活性从 1.38 μg-O$_2$/（min·mg-protein）提高至 2.14 μg-O$_2$/（min·mg-protein）、3.27 μg-O$_2$/（min·mg-protein）、5.74 μg-O$_2$/（min·mg-protein）和 7.90 μg-O$_2$/（min·mg-protein），质子从细胞质向壁膜间隙的泵出过程被加速，从而导致 ΔTPG 呈现 pH 依赖性的线性增加。

此外，随 pH 值从 6 增加到 8，与 NADH 产生相关酶活性显著增加，其中，乳酸脱氢酶的活性从 1.2 U/（min·mg-protein）提高至原来的 1.25~1.6 倍；类似地，异柠檬酸脱氢酶活性也分别从 1.32 U/（min·mg-protein）提高至原来的 1.39~1.83 倍。据报道，异柠檬酸脱氢酶催化的异柠檬酸氧化过程是三羧酸（TCA）循环的限速过程，而三羧酸循环是生物体内主要的 NADH 产生过程，异柠檬酸脱氢酶活性的显著提高表明，适当地降低质子梯度能够诱导 TCA 循环代谢加快，导致更多的 NADH 的产生。此外，琥珀酸硫基酶（STH）是 TCA 循环中唯一参与底物水平磷酸化的酶[291]，其活性从 1.67 U/（min·mg-protein）提高 1.54~2.42 倍，显示出最高的催化活性和最大的上调倍数。因此，我们推测在较低 TPG 条件下，微生物的生理代谢过程中可能遵循另一种与 STH 酶相关的能量代谢策略，其与 OTC 生物降解可能有关。

值得注意的是，在 pH 值为 8.5 时，OTC 生物降解效率却显著降低。这可能是因为，一方面，在 pH 值为 8.5 时，虽然 bio-Pd@Cells 仍能通过将胞内 pH 值调节至 8.78 来建立向内的质子梯度，但是胞内 pH 值过高对与 NADH 产生和底物磷酸化相关的酶（LDH、IDH 和 STH）和 ETS 均产生了一定的抑制，导致 NADH 的产生、消耗以及电子转移速率减缓。

另一方面，通过比较质子动力势和磷酸化电位能够判别氧化磷酸化过程中 ATP 合成的热力学可行性。据报道，氧化磷酸化过程中质子跨膜转运所需的磷酸化电位应高于 227 mV[292]。而在 pH 值为8.5时的质子动力势仅有213 mV，低于ATP酶介导的质子跨膜转运所需的质子动力势阈值，无法激活ATP酶的活性，从而导致胞外质子无法流入细胞质中和胞内碱化现象，微生物的代谢被抑制。

此外，在第五章的研究中已经证实，基于H_2的非Horiutii-Polanyi途径是bio-Pd^0介导OTC降解的主要机制之一。如公式（6-3）和公式（6-4）所示，基于$NADH/NAD^+$平衡生物产氢的热力学分析结果表明，pH值越低，生物产氢反应的吉布斯自由能越负，反应的自发性越强。此外，我们进一步检测了不同条件下的氢化酶活性，与热力学的分析结果一致，在酸性条件下（pH值=6和6.5）氢化酶的活性高达9.31~9.62 μmol-H_2/（h·mg-protein）；随着pH值升高到7和7.5，氢化酶活性显著降低到（5.47±0.15）μmol-H_2/（h·mg-protein）和（4.32±0.74）μmol-H_2/（h·mg-protein），特别是在pH值超过8后，氢化酶活性骤降至0.91 μmol-H_2/（h·mg-protein和0.87 μmol-H_2/（h·mg-protein）。根据已有相关报告的计算方法，随着pH值从7降低到8.5，基于$NADH/NAD^+$平衡调节的理论最大产氢量由$7.48×10^{-4}$ mol/L（氢气在水溶液中的饱和溶解度）降低到$1.42×10^{-5}$ mol/L（仅氢在水中饱和溶解度的1.8%），由此观之，在pH值为8.5条件下，生物产氢热力学受限，氢化酶的活性被抑制造成生物发酵产氢的动力学过程受阻，氢气产量极低甚至可忽略，从而导致bio-Pd^0介导的催化加氢反应显著减弱甚至中断。

$$NADH+H^+ \xrightarrow{NADH\text{脱氢酶 \& 氢化酶}} NAD^+ + H_2$$
$$\Delta G^0 = -21.84 \text{kJ/mol} \tag{6-3}$$

$$\Delta G = \Delta G^0 + RT\ln\frac{\alpha_{NAD^+} \cdot \alpha_{H^2}}{\alpha_{NADH} \cdot \alpha_{H^+}} \tag{6-4}$$

这些结果为OTC生物降解在pH值为8.5时的急剧下降提供了合理的解释，即ATP酶介导的质子流入热力学不充分导致碱化的胞内 pH 值对与 NADH 相关的功能酶和电子传递系统产生抑制，以及生物产氢热力学不充分生物产氢量极低导致催化氢化过程的动力学受限，这些结果共同导致 OTC 生物降解性能的下降。

6.4 OTC 生物降解的能量代谢策略研究

为进一步深入理解合成的 bio-Pd^0 强化 OTC 生物降解的内在驱动力以及跨膜质子梯度在其中的介导作用，通过 SPSS Statistics 21 和 Amos 21 软件建立结构方程模型（SEM）以量化不同生化指标对 OTC 生物降解的直接和间接影响，最终模型及相应的路径系数如图 6-5 所示，模型拟合结果的检验参数见表 6-2。修正后的模型的各项参数均满足标准，表明模型具有较好的拟合度。

表 6-2　最终模型拟合度参数与标准[293]

拟合参数	绝对指数			相对指数		简约指数	
	x^2/df	RMSEA	GFI	NFI	CFI	PNFI	PGFI
标准	<3	<0.08	>0.9	>0.9	>0.9	>0.5	>0.5
拟合值	2.47	0.035	0.94	0.92	0.9	0.67	0.71

就纯菌而言，跨膜质子梯度（TPG）能够直接对 ATP 酶活性产生显著的正面影响（路径系数为 0.74），但却对 ETS 活性和 NADH 产生了直接的负面影响（路径系数分别为 -0.64 和 -0.59）。此外，基于对 ETS 直接正调控作用（路径系数为 0.42），NADH 对质子净输出能力（ΔTPG）产生了间接正面影响（路径系数为 0.026）；而 ATP 酶活性和 ETS 活性却对 ΔTPG 分别产生了直接负面影响（路径系数为 -0.78）和直接正面影响（路径系数为 0.07），说明纯菌对跨膜质子梯度的调控主要是通过 ATP 酶和电子传递系统实现的，这是因为电子传递系统中的一些电子转移蛋白可以作为质子泵直接将质子从细胞质泵出到壁膜间隙，而 ATP 酶则

负责质子流入细胞质（如图6-4所示）。并且，随着TPG的下降（pH_{out}从6增加到8），ETS活性显著提高，加速了质子外流过程，但由于ATP合成的驱动力降低，ATP酶活性被抑制，质子跨膜内移过程被削弱，质子净流出量增加。此外，从ATP酶到ΔTPG的路径系数（-0.78）远高于从ETS到ΔTPG的路径系数（0.07），表明纯菌中控制ATP酶的质子流入是维持质子梯度的主要策略。

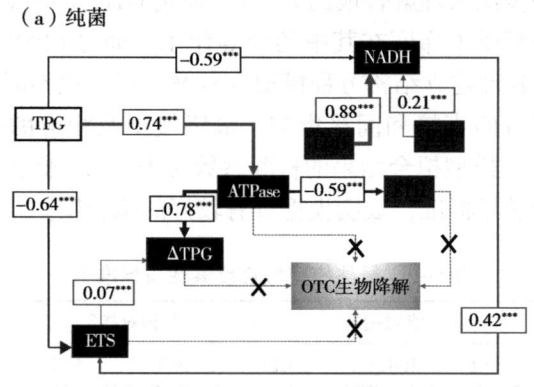

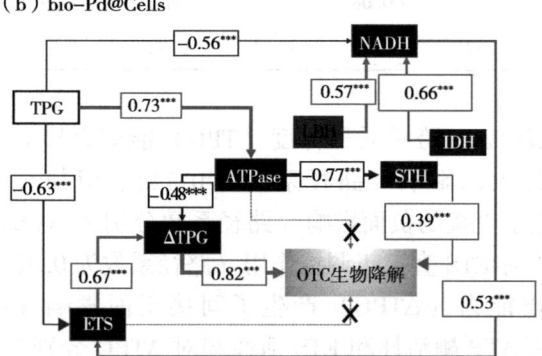

图6-5 不同生化指标的结构方程模型

（a）：纯菌；（b）：bio-Pd@Cells。每条直线上的数字表示标准路径系数（正数和负数分别表示积极和消极影响，***表示相关性极显著，$p<0.001$）；线宽表示路径系数的大小；"×"表示在最终模型中这两个因子之间无相关性

第六章　跨膜质子梯度对跨膜电子传递与能量代谢的调控机制研究

此外，不同于 ATP 酶对 NADH 产生的间接影响（路径系数为-0.55），乳酸脱氢酶（LDH）和异柠檬酸脱氢酶（IDH）与 NADH 总量之间存在直接的正向影响，相应的路径系数分别为 0.88 和 0.21；其中，LDH 和 NADH 总量之间的相关性最强，这表明纯菌内 NADH 的生成主要受乳酸脱氢酶的催化介导。

相比之下，bio-Pd@Cells 的结构方程模型中所有预测指标之间的关系均与纯菌一致，但是路径系数存在显著的差异。随着 bio-Pd^0 的引入，作为质子流入的主要位点，ATP 酶与 ΔTPG 之间的路径系数从-0.78 变为-0.48，表明 ATP 酶对 ΔTPG 的直接影响减弱。相反，ETS 活性和 ΔTPG 之间的路径系数从 0.07 增加到 0.67，表明 ETS 活性对 ΔTPG 的直接正面影响显著改善；同时，跨膜质子梯度基于 NADH 对 ETS 活性的间接影响系数也从 0.42 增加到 0.53。因此，加入 bio-Pd^0 削弱了 ATP 酶调控的质子流入，同时显著提高了电子传递系统活性（ETSA），从而加速质子净流出。

同时，IDH 与 NADH 总量的路径系数从 0.21 增加到 0.66，表明 IDH 对 NADH 水平的直接影响增加；相反，LDH 对 NADH 总量的影响路径系数从 0.88 减少到 0.57。不同于纯菌中 LDH 对 NADH 生成的主导作用，在 bio-Pd@Cells 的 IDH 与 NADH 水平之间观察到最大的路径系数，表明 bio-Pd@Cells 中提高的 IDH 活性促进了 TCA 循环，导致更高的 NADH 总量，从而间接促使 ETS 活性的提高。

STH 是 TCA 循环中参与底物水平磷酸化的关键酶。bio-Pd^0 的引入显著增强了 ATP 酶对 STH 的直接影响（路径系数由-0.59 变为-0.77），导致 STH 活性提高到纯菌的 1.77~2.01 倍，从而促进了底物水平磷酸化。重要的是，我们发现 bio-Pd@Cells 的 OTC 生物降解效率与 ΔTPG 和 STH 活性之间存在直接的正相关关系（路径系数分别为 0.82 和 0.39），进一步证实 bio-Pd@Cells 中 OTC 生物降解的强化作用直接归因于依赖于 NADH 的 ETS 调控的净质子外流量的显著增加以及介导底物水平磷酸化的 STH 活性的显著提高。

6.5 质子梯度对 OTC 胞外降解的调控机制

目前研究人员尚未在微生物的细胞膜结构中发现与抗生素外排泵类似的抗生素内流泵，因此依靠不带电四环素脂溶性扩散进入细胞膜是四环素类抗生素进入细胞的主要运输方式，并且该过程具有能量依赖性，受 TPG 驱动[294,295]，而随 pH 值的增加，TPG 逐渐减弱，且不带电 OTC^0 比例降低，导致 TPG 驱动的抗生素摄取减少。此外，微生物对底物的吸收速率由吸附过程控制，可用性系数的 pH 依赖增加表明随着 pH 值的增加，OTC 的吸附显著减弱造成微生物对 OTC 吸收速率降低，导致胞内 OTC 浓度显著下降（从 0.87 mg/L 到 0.24 mg/L）。基于胞内生物降解理论，基质的吸收速率与降解速率存在正相关关系，但在本研究中低 TPG 条件下，缓慢的 OTC 吸收速率与快速的 OTC 生物降解速率存在明显的矛盾，说明 bio-Pd@Cells 的 OTC 生物降解是一个非胞内降解主导的过程。

Okamoto 等[296]发现胞外电子呼吸中电子耦合质子的跨膜泵出能够促进底物水平磷酸化能量代谢。基于胞外电子传递介导的污染物降解必须在细胞水平上发生这一理论依据，结合上述实验中观察到的 OTC 生物降解过程对完整细胞膜结构、底物水平磷酸化以及 ETS 活性的依赖性，这些结果表明主导的 OTC 生物降解过程是借助依赖呼吸链的胞外电子传递实现。

进一步利用逐级分离得到的胞内酶和细胞碎片对 OTC 进行降解，不同 pH 值条件下的 OTC 降解效能如图 6-6 所示。对比可知：胞外游离的以及嵌入细胞膜的 $bio-Pd^0$ 能够对 OTC 进行快速的非生物降解，但是胞内酶和细胞碎片（周质空间）对 OTC 的生物降解效率极低（分别低于 5% 和 3%）。在本组实验中，分离后的胞内组分和细胞碎片被添加在初始浓度为 10 mg/L 的 OTC 降解体系中，而由于细胞壁膜结构造成的抗生素的扩散限制，完整细胞中未离体的胞内组分和细胞碎片的可利用 OTC 浓度远低于 10 mg/L。此外，由于更快的传质速率和更强的耐受性，粗酶提取物比产生此类酶的微生物本身具有更高的降解效率[71]。考虑到酶促反应动力学的底物浓度依赖（即一定范围内底物浓度越高，降解速率越快），分离的细胞组分的实际 OTC 降解效率应比实验值更低，即胞内酶和周质空间的蛋白酶对 OTC 的降解能力十分有限，这进一步证实了 OTC 的生物降解是一个非胞内降解主导的过程。

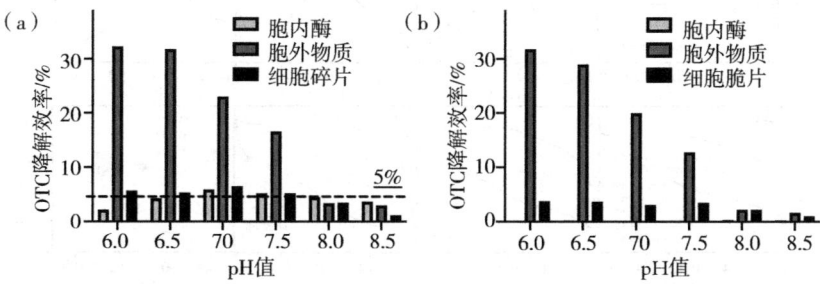

图 6-6　不同细胞组分的 OTC 降解效率未灭活（a）和高压灭活（b）

进一步通过介导电化学氧化法、线性扫描伏安法、循环扫描伏安法和 I-t 曲线等电化学分析方法探究质子梯度对 bio-Pd@Cells 的胞外 OTC 生物降解的影响机制。利用介导电化学氧化分析法来评估 bio-Pd@Cells 的供电子能力（Electron donor capcity，EDC）。如图 6-7a 和图 6-7b 所示，随着 pH 值从 6 增加到 7 和 8，bio-Pd@Cells 的 EDC 从 2.25 μmol e$^-$/mg-protein 逐渐增加至 2.59 μmol e$^-$/mg-protein 和 3.06 μmol e$^-$/mg-protein，表明在较高 pH 值下，bio-Pd@Cells 具有更优异的供电子能力，这与高 pH 值条件下 I-t 曲线中的更正电流输出结果一致。

一方面，LSV 结果显示 bio-Pd@Cells 的起始电位比天然细胞高约 300 mV，表明 bio-Pd^0 的引入可能促进了高能或激发态电子的产生[171]；类似的现象在合成 FeS 的生物膜系统也被观察到。并且，随着 pH 值上升，bio-Pd@Cells 起始电位从 -552 mV 负移到

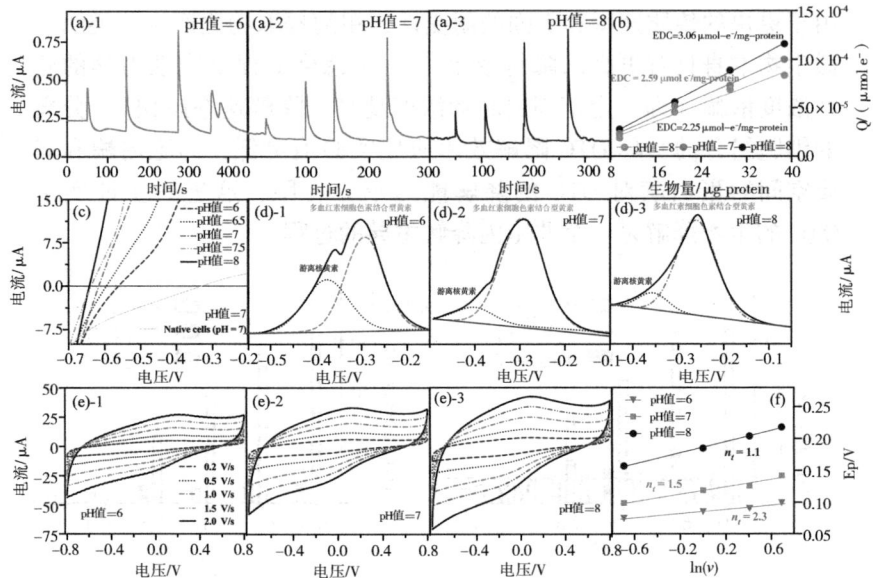

图 6-7 不同的 pH 值条件下 bio-Pd@Cells 的电化学性能分析

(a) 和 (b): 供电子能力测试; (c): 线性扫描伏安曲线; (d): 微分脉冲伏安法 (DPV) 曲线中氧化峰的反褶积结果; (e): 不同扫速下的 CV 曲线以及 (f): E_p-$\ln v$ 的线性回归分析

-650 mV, 根据能斯特方程可知, bio-Pd@Cells 在较高 pH 水平下氧化还原电位较低, 供电子能力较强, 能够产生高能电子以补偿受限的微生物能量代谢, 这是低 TPG 条件下 bio-Pd@Cells 具有更优异的电子输出性能的原因之一。

另一方面, DPV 结果显示随着 pH 值的增加, -387~-400 mV 处的游离 RF 氧化峰的比例逐渐减少; 相反, 通过单电子过程的 MHC 结合黄素氧化峰增强。同时, CV 曲线中氧化峰电位值和 $\ln v$ 的线性回归分析结果显示, 随着 pH 值从 6 增加到 8, 电子转移数从 2.3 减少到 1.1。据报道, 跨膜质子转移速率是胞外电子传递过程的限速步骤, 并且细胞色素结合型黄素的氧化还原过程与其质子化过程相耦合，能够加快与胞外电子传递相关的质子转运动力学，从而显著提高黄素辅因子—细胞色素复合物介导的胞外电子传递速率[296]。综上所述，随着 pH 值的增大，黄素分子由质子化形式 RFH$^+$ 向非质子形式 RF 转变，导致更多的黄素分子以辅因子的形式与细胞色素结合，促进 2 电子反应向 1 电子反应路径的转变，这是低 TPG 条件下 bio-Pd@Cells 具有更优异的电子输出性能的另一个主要的原因。

此外，NADH 不仅是微生物代谢中参与大多数氧化还原生化反应的关键辅因子，也是 EET 主要的细胞内电子载体和来源[297]。Li 等[298]采用模块化代谢工程策略，通过加强丙酮酸发酵、糖酵解和 TCA 循环中的细胞内 NADH 再生，实现 EET 效率的提升。考虑到细胞内 NAD（H&+）水平和 NADH 相关酶活性的 pH 值依赖性增加，可以推测，TCA 循环中 NADH 生成加快而导致的细胞内 NADH 增加是在较高 pH 值条件下增强细胞外电子输出能力的另一个原因。

6.6 复合物Ⅲ是 OTC 胞外降解的关键电子跨膜输出位点

在第五章的研究中已经证实在 bio-Pd^0@Cells 中存在两条不同的电子跨膜输出路径，一条依赖于细胞呼吸链，另一条电子通路由 bio-Pd^0 介导，独立于细胞呼吸链发生。在微生物的代谢过程中，复合物Ⅲ是负责电子从内膜中的 CoQ 到周质 c-Cyts 的跨膜传递的决定性位点，同时也是主要的质子泵，负责质子的流出。进行复合物Ⅲ抑制实验以探究复合物Ⅲ在 OTC 降解的跨膜电子传递中的角色。

如图 6-8 所示，在添加 BAL 抑制复合物Ⅲ后，bio-Pd@Cells 的 ETS 活性和 OTC 降解率显著降低。尽管不同 pH 值条件下 ETS 活性的抑制率（$IR\text{-}Ⅲ_{ETS}$）基本保持不变 [（85.67±1.34)%]，但

是随着 pH 值从 6 增加到 6.5、7、7.5、8、和 8.5，与复合物Ⅲ相

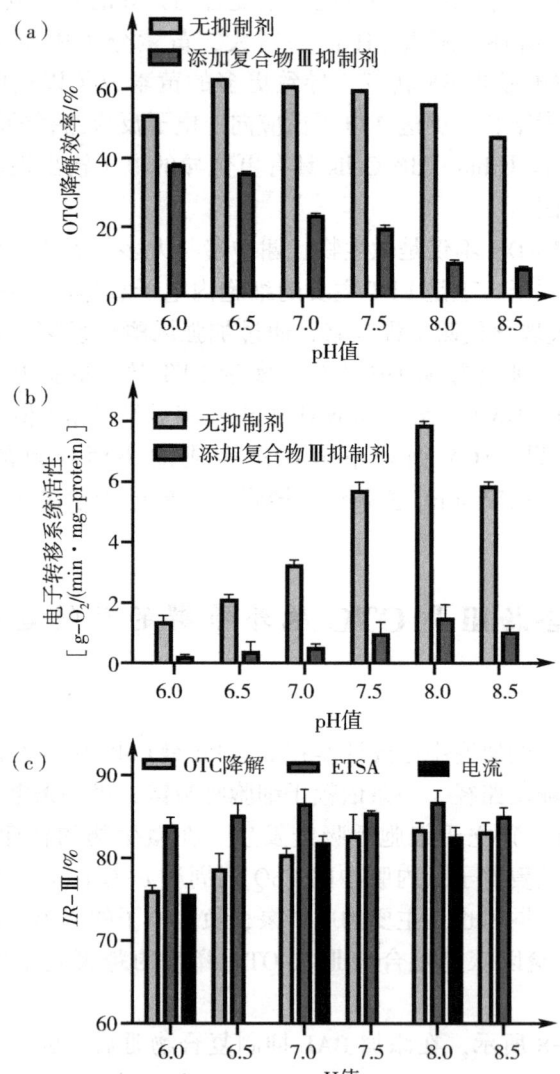

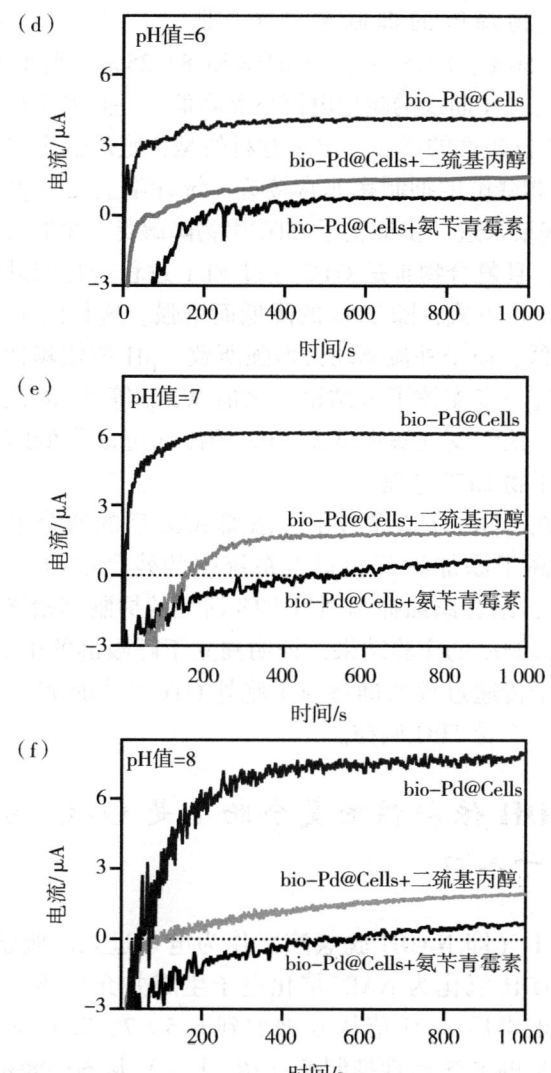

图 6-8 不同 pH 值条件下，添加复合物Ⅲ的抑制剂 BAL 的反应系统的 OTC 降解效率（a）、电子转移系统活性（b）、相应的抑制率对比（c）以及 I-t 曲线测试（d-f）

关的 OTC 生物降解的抑制率（$IR\text{-}Ⅲ_{OTC}$）从 76.12% 增加到 78.77%、80.50%、82.81%、83.51% 和 83.25%。类似地，随着 pH 值的增大，I-t 曲线的响应电流显著降低，并且稳定电流的抑制率呈现 pH 值依赖性的增加。出乎意料的是，胞外输出电流的抑制率与 OTC 生物降解的抑制率非常接近，统计学上无显著差异（图 6-8c）。这些结果进一步证实了 OTC 生物降解是一个胞外电子传递主导的过程，且复合物Ⅲ是 OTC 通过 EET 过程进行胞外降解的主要跨膜电子输出方式，随 TPG 的降低而增强。这是由于随 TPG 下降，PMF 降低，质子外流驱动力增强所致，pH 值依赖性增加的质子外流量也进一步支撑了该结论。之前 Wang 等[287]的也观察到了类似的结果，他们发现解偶联剂 TCS 的添加可以降低跨膜质子梯度来改善微生物 EET 过程。

此外，在不同 pH 值条件下，添加 BAL 后的残余电流几乎相等，并且均高于添加氨苄青霉素系统中的残余电流［（0.667±0.023）μA］，结合添加抑制剂后 ETS 活性的抑制率始终高于 OTC 生物降解的抑制率的实验结果，证明独立于呼吸链的由 bio-Pd^0 介导的胞外电子传递过程的确参与了胞外 OTC 生物降解，但与质子转移不耦联，不受 TPG 调控。

6.7 NADH 依赖性的复合物 I 是 OTC 胞外降解的主导电子入口

复合物 I（即 NADH 脱氢酶）作为电子进入呼吸链的入口，可通过将 NADH 氧化为 NAD$^+$ 催化电子生成并介导质子泵出。然而，添加辣椒素后，pH 值从 6 增加到 6.5、7、7.5、8、和 8.5，bio-Pd@Cells 的 ETS 活性抑制率（$IR\text{-}I_{ETS}$）从 60.98% 逐渐增加到 62.08%、63.67%、66.82%、69.87% 和 71.91%，相应的与复合物 I 相关的 OTC 生物降解抑制率（$IR\text{-}I_{OTC}$）从 45.69% 逐渐增加到 51.54%、56.88%、62.05%、64.37% 和 67.26%（见图 6-

9)。并且 $IR\text{-}I_{OTC}$ 和 $IR\text{-}I_{ETS}$ 分别低于 $IR\text{-}III_{OTC}$ 和 $IR\text{-}III_{ETS}$,表明除复合物Ⅰ外,复合物Ⅱ作为另一个平行电子入口可能也参与了 OTC 的生物降解。此外,如图 6-9d 所示,$IR\text{-}I_{OTC}/IR\text{-}III_{OTC}$ 和 $IR\text{-}I_{ETS}/IR\text{-}III_{ETS}$ 均介于 0.5 与 1.0 之间,并表现出 pH 值依赖性增加(分别从 0.6 和 0.73 增加到 0.83 和 0.86),进一步证明依托复合物Ⅰ和Ⅲ电子传递路径的胞外呼吸过程是 OTC 生物降解的主要途径,并且该通路对 OTC 降解的贡献随着 TPG 的降低而显著增强,这与结构方程模型显示的 OTC 生物降解与基于 NADH 的 ETS 活性紧密相关的结果相一致。这可能是因为基于 $FADH_2$ 的复合物Ⅱ只能介导电子传递不参与质子转移,为维持低 TPG 条件下质子

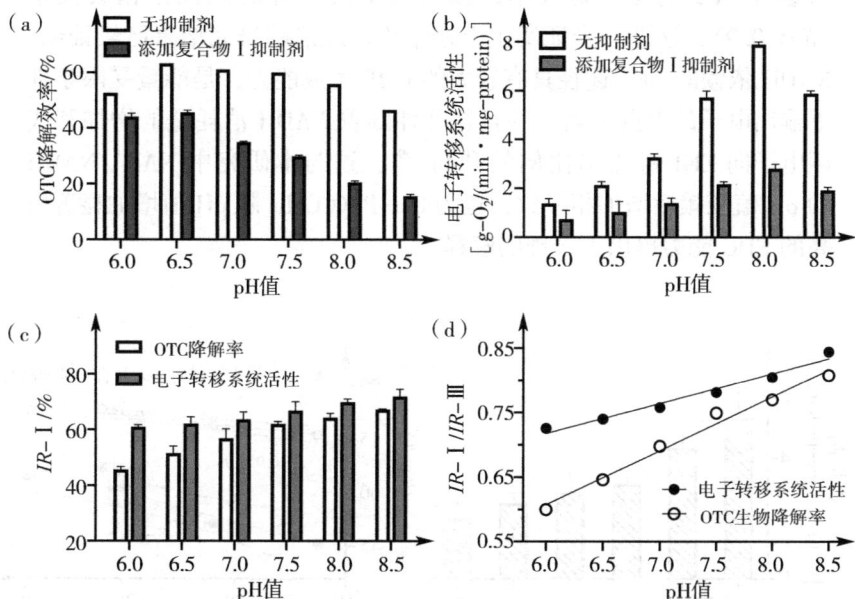

图 6-9 不同 pH 值条件下,添加复合物Ⅰ抑制剂(辣椒素)的反应系统的 OTC 降解效率(a)、电子转移系统活性(b)、相应的抑制率对比(c)和复合物Ⅰ抑制系统中的抑制率与复合物Ⅲ抑制系统中的抑制率的比值随 pH 值的变化趋势(d)

平衡，能够同时介导电子传递和质子移位的复合物Ⅰ成为微生物呼吸的主导路径。

进一步，对复合物Ⅱ的活性进行检测，如图6-10a所示，随着pH值从6上升至8.5，复合物Ⅱ的活性从5.34 U/(min·mg-protein)逐渐降低到4.36 U/(min·mg-protein)、3.17 U/(min·mg-protein)、2.88 U/(min·mg-protein)、2.52 U/(min·mg-protein)和2.03 U/(min·mg-protein)，进一步证实了以复合物Ⅰ催化NADH脱氢为起点，由复合物Ⅲ介导的跨膜电子转移是OTC胞外生物降解的主要电子传递路径，且随着TPG的降低而显著增强。此外，如图6-10b所示，$IR\text{-}I_{OTC}$和$IR\text{-}III_{OTC}$仅与呼吸链受损引起的OTC生物降解效率的损失量呈现良好的线性正相关关系（$R^2 > 0.9$），这进一步证实了上述结论。之前的研究结果已经证明：NADH依赖的EET途径具有较大的PMF生成能力，是能量受限条件下输出电子的首选策略，并且往往伴随着NADH消耗量的增加和代谢电子向EET链流出比例的升高[299]，这与本研究中$NAD^+/NADH$的pH值依赖性增加相一致，也为bio-Pd@Cells随pH值增加显著提高的EDC能力提供了合理的解释。

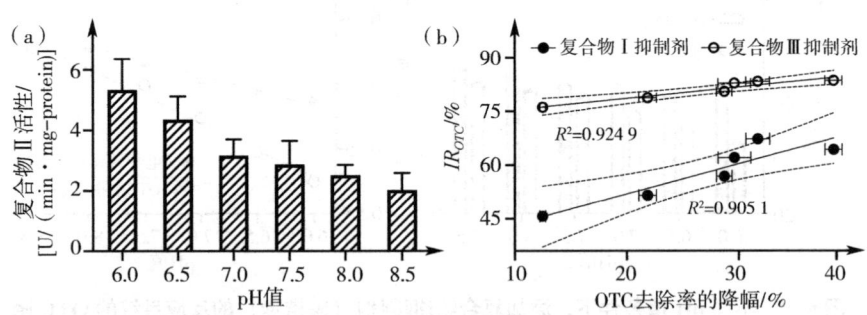

图6-10 不同pH值条件下复合物Ⅱ的活性（a）、
IR_{OTC}与呼吸链损伤引起的OTC去除率的降幅之间的相关性分析（b）

6.8 质子梯度强化 OTC 生物降解的机理

基于上述实验结果和分析，明确了跨膜质子梯度对 bio-Pd@Cells 的 OTC 生物降解过程的调控机制。如图 6-11 所示，以复合物 I 催化的 NADH 脱氢为起点，由复合物 III 介导的跨膜电子转移是 bio-Pd@Cells 进行 OTC 胞外生物降解的主导电子传递过程，该过程遵循 STH 介导的底物水平磷酸化的能量代谢策略。随着 pH 值的增大，作为三羧酸（TCA）循环的限速酶，IDH 活性显著提高，TCA 循环代谢加快，导致胞内电子池 NADH 水平显著提高，同时

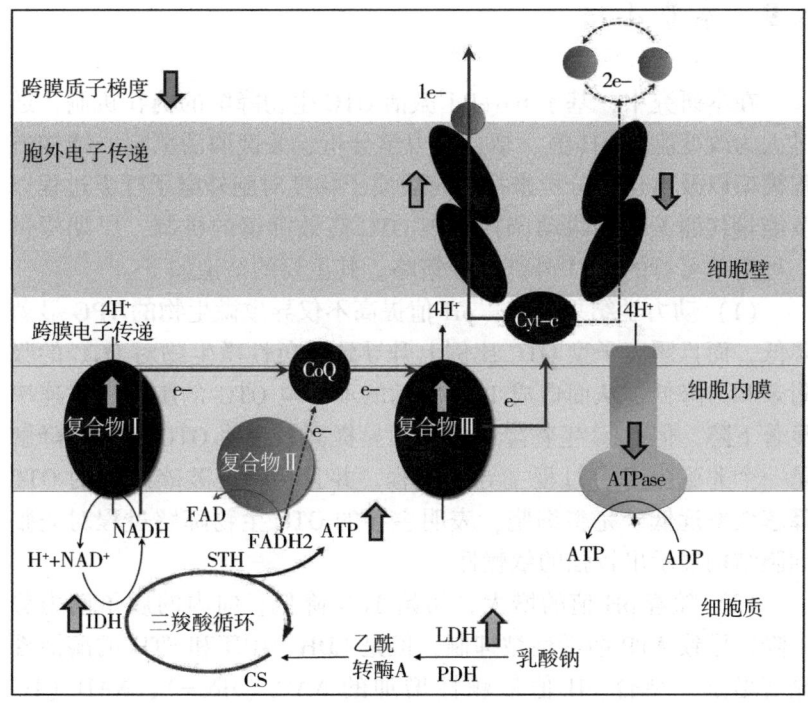

图 6-11 跨膜质子梯度对 bio-Pd@Cells 的 OTC 生物降解过程的调控机制

STH 介导的底物水平磷酸化过程显著增强。此外，随着 pH 值的升高，向外的跨膜质子梯度增大，复合物 I 和 III 介导的跨膜电子耦合质子传递过程加快，导致流向 EET 的电子分流量增大，微生物的胞外电子供应能力增强。同时，黄素质子化形式向非质子化形式转变，更有利于 1 电子反应的发生，平均电子转移数从 2.5 下降到 1.1，胞外电子传递速率加快。胞内电子池容量提高、跨膜电子传递过程加快，胞外电子输出通量提高以及胞外一电子反应成为主导，这些结果共同导致了较高 pH 值条件下 OTC 胞外生物降解效率的提升。

6.9 本章小结

在本研究中，基于 bio-Pd^0 激活 OTC 生物降解的内在机制，通过人为改变胞外 pH 值，结合动力学分析、关键酶活测定、结构方程模型以及电化学分析来探究跨膜质子梯度对胞外电子呼吸过程以及能量代谢策略的联动调控实现 OTC 高效降解的机制，以期提供一种简单可行的 EET 外部操控策略。其主要的结论如下：

（1）动力学结果显示，pH 值提高不仅导致微生物的 TPG 显著降低，而且阴离子型 OTC 比例上升导致电负性微生物对 OTC 的吸附亲和力降低，从而造成 TPG 驱动的不带电 OTC^0 的胞内吸收速率显著下降，但 OTC 生物降解效率明显提高，说明 OTC 的生物降解是一个非胞内降解过程主导的过程。并且，超声破碎细胞的 OTC 降解效率远低于完整细胞，表明主导的 OTC 生物降解过程对完整细胞结构显示出较强的依赖性。

（2）随着 pH 值的增大，初始 TPG 降低，向内的质子动力势下降，导致 ATP 酶活性被抑制，但是 LDH、IDH 和 STH 的酶活性显著增加，结合 pH 值依赖性增加的 NAD（H&+）、NAD（H/+）和 ETS 活性，证明 OTC 的生物降解电子和质子的产生和跨膜泵出以及底物水平磷酸化的能量代谢策略有关。结构方程模型的分析结果表明，bio-Pd@Cells 的 OTC 生物降解的强化直接归因于 ETS 调控的 ΔTPG 的显著增加以及介导底物水平磷酸化 STH 活性的显著提高，与 ATP 酶介导的能量代谢无关。

（3）OTC 降解过程是一个非胞内降解主导的过程，而且遵循底物水平磷酸化的过程，对呼吸链展示出明显的依赖性，这些结果表明 OTC 的生物降解是一个依赖呼吸链的胞外电子呼吸过程。随着 pH 值的增大，不仅胞内电子池的 NADH 水平显著上升，而且微生物的氧化还原电位较低，起始电位负移，微生物的胞外供电子能力显著增强，同时黄素的非质子化转变促进细胞色素与黄素的结合，加速了二电子反应向快速一电子反应路径的转变，胞外电子传递速率加快，从而实现 OTC 的高效降解。

（4）呼吸链抑制实验和 I-t 曲线分析结果，证明尽管 bio-Pd^0 介导的独立于呼吸链的胞外电子传递路径也参与了 OTC 生物降解，但依赖复合物Ⅲ的跨膜电子传递过程主导了 OTC 的生物降解，且随 TPG 的减小而增强。并且，复合物Ⅰ和复合物Ⅱ是 OTC 进行胞外降解的两个平行的电子入口，随着 TPG 的下降，由于与质子传递相偶联且具有更强的 PMF 产生能力，复合物Ⅰ对 OTC 降解的贡献逐渐增强成为主导的电子入口。

第七章 结论与展望

7.1 结论

本研究针对生物处理电子传递效率低、对新型有毒害大分子污染物生物降解性能差等问题,拟利用革兰氏阳性菌 *B. megaterium* 在菌体的细胞质、壁膜间隙和细胞表面自组装合成具有高柔性和高相容性的生物纳米粒子,构建生物纳米粒子强化的胞内/胞外及跨膜电子通路,实现污染物的高效降解;结合动力学、功能酶活性测试、qPCR、生物电化学以及靶向位点抑制实验解析生物纳米粒子强化电子传递和优化能量代谢的内在机制及调控策略,得到如下主要结论:

(1) 厌氧条件下 *B. megaterium* Y-4 能够在细菌的细胞表面、壁膜间隙以及细胞质内成功合成高稳定性和高生物相容性的 bio-Pd^0,并且从胞外空间到细胞质纳米粒子的尺寸依次减小;其中壁膜间隙和胞外空间是合成纳米粒子的主要场所。并且,Pd(Ⅱ) 的还原是一个生物还原与自催化还原相耦合的过程,反应初期生物还原作用占主导,反应后期则以 bio-Pd^0 的催化作用为主;并且随着 bio-Pd^0 负载量的增加,生物还原和自催化反应速率均明显提高。除胞外酶以及细菌表面的还原性官能团(氨基、缩醛基以及不饱和双键等)的还原作用外,*B. megaterium* Y-4 还可以通过生物产氢与胞外电子呼吸两种代谢路径还原 Pd(Ⅱ),并且不同电子供体对两种反应路径的倾向性不同,导致纳米粒子的主要沉积位点发生了明显的改变。以甲酸盐为电子供体时,生物产氢还原路径占主导,更多的纳米粒子在周质空间被合成;而在乳酸盐体系中，细菌的胞内 NADH 水平大幅提高，刺激了以 NADH 脱氢酶为起点的胞外电子呼吸过程，导致更多的 Pd（Ⅱ）的胞外还原。首次在革兰氏阳性菌的胞外电子传递的过程中观察到细胞色素结合黄素的氧化峰，提出了一种通过 MHC 结合型黄素介导的新型 1 电子传递路径。

（2）*B. megaterium* 原位自组装纳米颗粒形成的 bio-Pd@Cells 耦合了酶促与非酶降解机制，是强化好氧反硝化效率的可行策略。bio-Pd^0 的引入能够提高硝酸盐与亚硝酸盐还原的反应自发性，降低反应的活化能，加速硝酸盐和亚硝酸盐的还原效率。酶活性测试结果显示，生物钯通过非生物催化作用加速了亚硝酸盐的还原，缓解了亚硝酸盐的积累；同时选择性地促进 NAP 等包含 Fe-S 簇结构的蛋白酶活性，并且建立一条与内膜醌并联的介导复合物Ⅰ和复合物Ⅲ之间电子传递的电子传递通路，从而增大胞内的电子传递通量以及 *cccA* 基因编码蛋白介导的流向硝酸盐的电子分流量，加速硝酸盐的生物还原。

（3）原位合成的 bio-Pd^0 通过化学催化和对酶促降解的生物介导作用显著提高了 *B. megaterium* 的 OTC 降解性能，而且在一定范围内 OTC 降解速率随着 bio-Pd^0 负载量的增加线性上升。此外，bio-Pd^0 能够通过基于 H* 和 H$_2$ 两种催化加氢过程催化 OTC 的降解，其中后者占主导。而在生物降解过程中，原位合成的 bio-Pd^0 不仅可以提高微生物的胞内代谢和能量产生，从而加速能量依赖性的抗生素和还原性物质的外排，有效减缓了抗生素和纳米颗粒的生物毒性，还可以通过生物介导作用建立一条新的不依赖呼吸链的电子传输通道，结合增强的结合型黄素介导的单电子反应路径，扩大电子的胞外输出通量，增强细菌对 OTC 的胞外生物降解。特别地，由于以 H$_2$ 和 H* 介导的氢解反应和加氢开环反应为主导，OTC 被转化为生物毒性较低的加氢开环中间产物，有效避免了羟基化和羧基化等高毒性中间产物的积累，确保了生态系统乃至公共卫生的安全。

（4）随胞外 pH 值的增大，尽管初始 TPG 降低，导致 ATP 酶活性被抑制，TPG 驱动的 OTC 吸附与吸收速率降低，但生物降解效率持续升高，且对完整细胞结构显示出较强的依赖性；同时电子和质子的产生、跨膜泵出以及底物水平磷酸化过程随 pH 值的增加显著增强。而结构方程模型的结果显示：bio-Pd@Cells 中 OTC 生物降解的增强直接归因于 ETS 调控的 ΔTPG 的显著增加以及介导底物水平磷酸化的 STH 活性的显著提高，与 ATP 酶介导的能量代谢无关。综上，这些结果证明 OTC 的生物降解是一个依赖胞内呼吸链的胞外电子呼吸过程。进一步通过呼吸链抑制实验和 I-t 曲线实验证实 OTC 的生物降解是一个复合物 III 介导的跨膜电子输出主导的胞外电子呼吸过程。并且由于与质子传递相偶联而具有更强的 PMF 产生能力，复合物 I 成为主导的电子入口，即依赖复合物 I 和复合物 III 的胞外电子传递过程主导 OTC 的生物降解。并且随着 TPG 的降低，不仅胞内电子供给源增加，而且 bio-Pd@Cells 的跨膜电子耦合质子转移过程加快，同时起始电位负移、结合型黄素的比例上升、电子转移数减小，促进了复合物 I 和复合物 III 负责的具有储能优势的 NADH 依赖性的胞外电子传递过程的进行，从而提高了 OTC 的生物降解效率。

7.2 创新点

（1）首次在革兰氏阳性菌中观察到细胞壁多血红素细胞色素结合型黄素介导的单电子反应路径，完善并扩充 G^+ 菌的胞外电子传递机理。

（2）构建生物纳米粒子—G^+ 复合体系，阐明 bio-Pd@Cells 的胞内—跨膜—胞外电子传递机制，填补纳米粒子介导下的 G^+ 菌的电子传递机制的研究空白。

（3）阐明跨膜质子梯度调控跨膜电子传递和能量代谢以强化污染物生物降解的反应路径网络。

7.3 展望

（1）尽管在本研究中已经证明了 *B. metagerium* 具有胞外电子传递能力，并提出了可能的胞外电子路径，但是其中涉及的具体的电子传递通道和相关色素蛋白仍需要从基因层面进行进一步的识别和验证。

（2）尽管在本研究中探究了纳米粒子介导不同污染物生物降解的电子传递机制，但是自然水体的组成复杂，多种电子供/受体共存的复合污染随处可见，利用胞外电子传递过程对环境中多种污染物进行同步去除，这是一个理想的环境修复过程，但多电子受体共存下的纳米粒子介导的电子传递通路的转变以及他们与生物地球化学循环之间的相互作用尚不清楚。

（3）尽管在本研究中已经从实验结果中观察到 bio-Pd^0 能够柔性嵌入特定的位点提高生物代谢活性，但是对于特定位点的选择依据仍不清楚，需要从蛋白酶结构的特异性出发，进一步通过构建分子模型以及量子化学计算等，从原子尺度上解析纳米粒子与特异性位点的相互作用。

（4）电活性微生物胞内电子一部分用于胞内合成代谢，另一部分传递至细胞外用于胞外污染物的降解或能量转换，如何调控电子流的分配，将用于微生物基本代谢的电子流控制在阈值，从而使尽可能多的电子流向胞外是提升污染物胞外降解的关键，仍需深入探究。

参考文献

[1] Klein E Y, Boeckel T van, Martinez E M, et al. Global increase and geographic convergence in antibiotic consumption between 2000 and 2015 [J]. Proceedings of the National Academy of Sciences of the United States of America, 2018, 115 (15): 3463-3470.

[2] Lundstroem S V, Oestman M, Bengtsson-Palme J, et al. Minimal selective concentrations of tetracycline in complex aquatic bacterial biofilms [J]. Science of the Total Environment, 2016, 553: 587-595.

[3] Zhao Y, Liu Z, Li L, et al. Systematic review of randomized controlled trials of traditional Chinese medicine treatment of non-acute bronchial asthma complicated by gastroesophageal reflux [J]. Journal of Traditional Chinese Medicine, 2012, 32 (1): 12-18.

[4] Daughton C G, Ruhoy I S. Environmental footprint of pharmaceuticals: the significance of factors beyond direct excretion to sewers [J]. Environmental Toxicology and Chemistry, 2009, 28 (12): 2495-2521.

[5] Le-Minh N, Khan S J, Drewes J E, et al. Fate of antibiotics during municipal water recycling treatment processes [J]. Water Research, 2010, 44 (15): 4295-4323.

[6] Oberoi A S, Jia Y, Zhang H, et al. Insights into fate and removal of antibiotics in engineered biological treatment sys-

tems: a critical review [J]. Environmental Science & Technology, 2019, 53 (13): 7234-7264.

[7] Su J Q, Wei B, Ou-Yang W Y, et al. Antibiotic resistome and its association with bacterial communities during sewage sludge composting [J]. Environmental Science & Technology, 2015, 49 (12): 7356-7363.

[8] Fang H, Wang H, Cai L, et al. Prevalence of antibiotic resistance genes and bacterial pathogens in long-term manured greenhouse soils as revealed by metagenomic survey [J]. Environmental Science & Technology, 2015, 49 (2): 1095-1104.

[9] Singer A C, Helen S, Vicki R, et al. Review of antimicrobial resistance in the environment and its relevance to environmental regulators [J]. Frontiers in Microbiology, 2016, 7: 1728-1742.

[10] Chen H, Bai X, Li Y, et al. Characterization and source-tracking of antibiotic resistomes in the sediments of a peri-urban river [J]. Science of the Total Environment, 2019, 679: 88-96.

[11] Wilson D N, Hauryliuk V, Atkinson G C, et al. Target protection as a key antibiotic resistance mechanism [J]. Nature Reviews Microbiology, 2020, 18 (11): 1-12.

[12] Kumar M, Ram B, Honda R, et al. Concurrence of antibiotic resistant bacteria (ARB), viruses, Pharmaceuticals and personal care products (PPCPs) in ambient waters of Guwahati, India: urban vulnerability and resilience perspective [J]. Science of the Total Environment, 2019, 693: 133640.1-133640.14.

[13] 应光国. 中国抗生素使用与流域污染 [C] //中国化学会第 30 届学术年会——第二十六分会：环境化学. 广州：中国科学院广州地球化学研究所, 2016：144.

[14] Ozum Ch, Elouei E J, Hamidian A H, et al. Physicochemical properties of antibiotics: a review with an emphasis on detection in the aquatic environment [J]. Water Environment Research, 2020, 92 (2): 177-188.

[15] Yu L L, Luo Z F, Zhang Y Y, et al. Contrastive removal of oxytetracycline and chlortetracycline from aqueous solution on Al – MOF/GO granules [J]. Environmental Science and Pollution Research, 2019, 26 (4): 3685-3696.

[16] Cesaretti A, Carlotti B, Gentili P L, et al. Spectroscopic investigation of the pH controlled inclusion of doxycycline and oxytetracycline antibiotics in cationic micelles and their magnesium driven release [J]. The Journal of Physical Chemistry B, 2014, 118 (29): 8601-8613.

[17] Yan C, Yang Y, Zhou J, et al. Antibiotics in the surface water of the Yangtze Estuary: occurrence, distribution and risk assessment [J]. Environmental Pollution, 2013, 175: 22-29.

[18] Pulicharla R, Brar S K, Rouissi T, et al. Degradation of chlortetracycline in wastewater sludge by ultrasonication, fenton oxidation, and ferro – sonication [J]. Ultrasonics Sonochemistry, 2017, 34: 332-342.

[19] Daghrir R, Drogui P. Tetracycline antibiotics in the environment: a review [J]. Environmental Chemistry Letters, 2013, 11 (3): 209-227.

[20] Burke V, Richter D, Greskowiak J, et al. Occurrence of

antibiotics in surface and groundwater of a drinking water catchment area in germany [J]. Water Environment Research, 2016, 88 (7): 652-659.

[21] Bashahun G M D, Odoch A T. Assessment of antibiotic usage in intensive poultry farms in Wakiso District, Uganda [J]. Livestock Research Rural Development, 2015, 27 (15).

[22] Tran N H, Lan H, Long D N, et al. Occurrence and risk assessment of multiple classes of antibiotics in urban canals and lakes in Hanoi, Vietnam [J]. Science of the Total Environment, 2019, 692: 157-174.

[23] Hung Y, Lee J, Lin H, et al. Doxycycline and tigecycline: two friendly drugs with a low association with clostridium difficile infection [J]. Antibiotics, 2015, 4 (2): 216-229.

[24] Augusto B A, Alves P M S. Tetracycline: production, waste treatment and environmental impact assessment [J]. Brazilian Journal of Pharmaceutical Science, 2014, 50 (1): 25-40.

[25] Deng W J, Li N, Ying G G. Antibiotic distribution, risk assessment, and microbial diversity in river water and sediment in Hong Kong [J]. Environmental Geochemistry & Health, 2018, 40 (5): 1-13.

[26] Wang H, Yuan X, Wu Y, et al. In situ synthesis of In_2S_3@MIL-125 (Ti) core-shell microparticle for the removal of tetracycline from wastewater by integrated adsorption and visible - light - driven photocatalysis [J]. Applied Catalysis B: Environmental, 2016, 186: 19-29.

[27] Xu Y, Guo C, Luo Y, et al. Occurrence and distribution of antibiotics, antibiotic resistance genes in the urban

rivers in Beijing, China [J]. Environmental Pollution, 2016, 213: 833-840.

[28] Jiang Y, Li M, Guo C, et al. Distribution and ecological risk of antibiotics in a typical effluent - receiving river (Wangyang River) in north China [J]. Chemosphere, 2014, 112: 267-274.

[29] Wei Y, Zhang Y, Jian X U, et al. Simultaneous quantification of several classes of antibiotics in water, sediments, and fish muscles by liquid chromatography - tandem mass spectrometry [J]. Frontiers of Environmental Science & Engineering, 2014, 8 (3): 357-371.

[30] Liu X, Lu S, Wei G, et al. Antibiotics in the aquatic environments: a review of lakes, China [J]. Science of the Total Environment, 2018, 627: 1195-1208.

[31] Ding H, Wu Y, Zhang W, et al. Occurrence, distribution, and risk assessment of antibiotics in the surface water of Poyang Lake, the largest freshwater lake in China [J]. Chemosphere, 2017, 184: 137-147.

[32] Li W, Shi Y, Gao L, et al. Occurrence of antibiotics in water, sediments, aquatic plants, and animals from Baiyangdian Lake in North China [J]. Chemosphere, 2012, 89 (11): 1307-1315.

[33] Yao L, Wang Y, Tong L, et al. Occurrence and risk assessment of antibiotics in surface water and groundwater from different depths of aquifers: a case study at Jianghan Plain, Central China [J].Ecotoxicology and Environmental Safety, 2017, 135: 236-242.

[34] Chen L, Lang H, Liu F, et al. Presence of antibiotics in shallow groundwater in the northern and southwestern re-

gions of China [J]. Ground Water, 2017, 56 (3): 451-457.

[35] Li X, Liu C, Chen Y, et al. Antibiotic residues in liquid manure from swine feedlot and their effects on nearby groundwater in regions of North China [J]. Environmental Science and Pollution Research International, 2018, 25 (4): 1-11.

[36] Wang Z, Chen Q, Zhang J, et al. Characterization and source identification of tetracycline antibiotics in the drinking water sources of the lower Yangtze River [J]. Journal of Environmental Management, 2019, 244: 13-22.

[37] Bai Y, Ruan X, Xie X, et al. Antibiotic resistome profile based on metagenomics in raw surface drinking water source and the influence of environmental factor: a case study in Huaihe River Basin, China [J]. Environmental Pollution, 2019, 248: 438-447.

[38] Li N, Ho K W K, Ying G G, et al. Veterinary antibiotics in food, drinking water, and the urine of preschool children in Hong Kong [J]. Environment International, 2017, 108: 246-252.

[39] Zhang X, Zhang Y, Shi P, et al. The deep challenge of nitrate pollution in river water of China [J]. Science of the Total Environment, 2021, 770: 144674.

[40] Yue F J, Liu C Q, Li S L, et al. Analysis of $\delta 15N$ and $\delta 18O$ to identify nitrate sources and transformations in Songhua River, Northeast China [J]. Journal of Hydrology, 2014, 519: 329-339.

[41] Yue F J, Li S L, Liu C Q, et al. Using dual isotopes to e-

valuate sources and transformation of nitrogen in the Liao River, Northeast China [J]. Applied Geochemistry, 2013, 36: 1-9.

[42] 薛莹. 渭河流域关中段地表水硝酸盐时空变化及其来源辨析 [D]. 西安: 西北大学, 2017.

[43] Peters M, Guo Q, Strauss H, et al. Contamination patterns in river water from rural Beijing: a hydrochemical and multiple stable isotope study [J]. Science of the Total Environment, 2019, 654: 226-236.

[44] Zhai Y, Lei Y, Wu J, et al. Does the groundwater nitrate pollution in China pose a risk to human health? A critical review of published data [J]. Environmental Science & Pollution Research, 2017, 24 (4): 3640-3653.

[45] Yang G, Yu G, Luo C, et al. Groundwater nitrogen pollution and assessment of its health risks: a case study of a typical village in rural-urban continuum, China [J]. PLOS One, 2012, 7 (4): e33982.

[46] Zhou X, Zhang Y, Lu S, et al. Partitioning of fluoroquinolones on wastewater sludge [J]. Clean-Soil Air Water, 2013, 41 (8): 820-827.

[47] Ben W, Zhu B, Yuan X, et al. Occurrence, removal and risk of organic micropollutants in wastewater treatment plants across China: comparison of wastewater treatment processes [J]. Water Research, 2018, 130: 38-46.

[48] Petrovic M, Alda M de, Diaz-Cruz S, et al. Fate and removal of pharmaceuticals and illicit drugs in conventional and membrane bioreactor wastewater treatment plants and by riverbank filtration [J]. Philosophical Transactions, 2009, 367 (1904): 3979-4003.

[49] Li Z J, Qi W N, Feng Y, et al. Degradation mechanisms of oxytetracycline in the environment [J]. Journal of Integrative Agriculture, 2019, 18 (9): 1953-1960.

[50] Zhu T T, Su Z X, Lai W X, et al. Insights into the fate and removal of antibiotics and antibiotic resistance genes using biological wastewater treatment technology [J]. Science of the Total Environment, 2021, 776: 145906.

[51] Prado N, Ochoa J, Amrane A. Biodegradation and biosorption of tetracycline and tylosin antibiotics in activated sludge system [J]. Process Biochemistry, 2009, 44 (11): 1302-1306.

[52] Chen H Y, Liu Y D, Dong B. Biodegradation of tetracycline antibiotics in A/O moving-bed biofilm reactor systems [J]. Bioprocess and Biosystems Engineering, 2018, 41 (1): 47-56.

[53] 陶美, 贺玉龙, 王林, 等. 四环素降解菌的筛选及其降解特性 [J]. 应用与环境生物学报, 2018, 24 (2): 384-389.

[54] Wu X L, Wu X Y, Shen L, et al. Whole genome sequencing and comparative genomics analyses of *Pandoraea* sp. XY-2, a new species capable of biodegrade tetracycline [J]. Frontiers in Microbiology, 2019, 10: 33.

[55] Shao S C, Hu Y Y, Cheng C, et al. Simultaneous degradation of tetracycline and denitrification by a novel bacterium, Klebsiella sp SQY5 [J]. Chemosphere, 2018, 209: 35-43.

[56] Huang X C, Zhang X Y, Feng F X, et al. Biodegradation of tetracycline by the yeast strain *Trichosporon mycotoxinivorans* XPY-10 [J]. Preparative Biochemistry & Biotech-

nology, 2016, 46 (1): 15-22.

[57] Tan Z W, Chen J C, Liu Y L, et al. The survival and removal mechanism of *Sphingobacterium changzhouense* TC931 under tetracycline stress and its' ecological safety after application [J]. Bioresource Technology, 2021, 333: 125067.

[58] Leng Y F, Bao J G, Chang G F, et al. Biotransformation of tetracycline by a novel bacterial strain *Stenotrophomonas maltophilia* DT1 [J]. Journal of Hazardous Materials, 2016, 318: 125-133.

[59] Shi Y K, Lin H, Ma J W, et al. Degradation of tetracycline antibiotics by *Arthrobacter nicotianae* OTC-16 [J]. Journal of Hazardous Materials, 2021, 403: 123996.

[60] Ghosh S, Sadowsky M J, Roberts M C, et al. *Sphingobacterium* sp. strain PM2-P1-29 harbours a functional tet (X) gene encoding for the degradation of tetracycline [J]. Journal of Applied Microbiology, 2010, 106 (4): 1336-1342.

[61] Volkers G, Schuldt L, Palm G J, et al. Crystallization and preliminary X-ray crystallographic analysis of the tetracycline - degrading monooxygenase TetX2 from *Bacteroides thetaiotaomicron* [J]. Acta Crystallographica Section F-Structural Biology and Crystallization Communications, 2010, 66 (5): 611-614.

[62] Diaz-Torres M L, Mcnab R, Spratt D A, et al. Novel tetracycline resistance determinant from the oral metagenome [J]. Antimicrobial Agents & Chemotherapy, 2003, 47 (4): 1430-1432.

[63] Leski T A, Bangura U, Jimmy D H, et al. Multidrug-resistant tet (X) - containing hospital isolates in Sierra

Leone [J]. International Journal of Antimicrobial Agents, 2013, 42 (1): 83-86.

[64] Forsberg K, Patel S, Wencewicz T, et al. The tetracycline destructases: a novel family of tetracycline-inactivating enzymes [J]. Chemistry & Biology, 2015, 22 (7): 888-897.

[65] Leng Y, Bao J, Song D, et al. Background nutrients affect the biotransformation of tetracycline by *Stenotrophomonas maltophilia* as revealed by genomics and proteomics [J]. Environmental Science & Technology, 2017, 51 (18): 10476-10484.

[66] Al-Dhabi N A, Esmail G A, Arasu M v. Effective degradation of tetracycline by manganese peroxidase producing *Bacillus velezensis* strain Al-Dhabi 140 from Saudi Arabia using fibrous - bed reactor [J]. Chemosphere, 2021, 268: 128726.

[67] Wen X, Jia Y, Li J. Enzymatic degradation of tetracycline and oxytetracycline by crude manganese peroxidase prepared from *Phanerochaete chrysosporium* [J]. Journal of Hazardous Materials, 2010, 177 (1-3): 924-928.

[68] Wen X, Jia Y, Li J. Degradation of tetracycline and oxytetracycline by crude lignin peroxidase prepared from *Phanerochaete chrysosporium*—a white rot fungus [J]. Chemosphere, 2009, 75 (8): 1003-1007.

[69] Migliore L, Fiori M, Spadoni A, et al. Biodegradation of oxytetracycline by *Pleurotus ostreatus* mycelium: a mycoremediation technique [J]. Journal of Hazardous Materials, 2012, 215: 227-232.

[70] Suda T, Hata T, Kawai S, et al. Treatment of tetracycline antibiotics by laccase in the presence of 1-hydroxybenzotri-

[71] azole [J]. Bioresource Technology, 2012, 103 (1): 498-501.

[71] Yang J, Lin Y H, Yang X D, et al. Degradation of tetracycline by immobilized laccase and the proposed transformation pathway [J].Journal of Hazardous Materials, 2017, 322: 525-531.

[72] Caraballo M A, Michel F M, Hochella M F. The rapid expansion of environmental mineralogy in unconventional ways: beyond the accepted definition of a mineral, the latest technology, and using nature as our guide [J]. American Mineralogist, 2015, 100 (1): 14-25.

[73] Schindler M, Mantha H, Hochella M F. The formation of spinel-group minerals in contaminated soils: the sequestration of metal (loid) s by unexpected incidental nanoparticles [J].Geochemical Transactions, 2019, 20: 1.

[74] Kallmeyer J, Pockalny R, Adhikari R R, et al. Global distribution of microbial abundance and biomass in subseafloor sediment [J].Proceedings of the National Academy of Sciences of the United States of America, 2012, 109 (40): 16213-16216.

[75] Hochella M, Mogk D W, Ranville J, et al. Natural, incidental, and engineered nanomaterials and their impacts on the Earth system [J]. Science, 2019, 363 (6434): 1414-1414.

[76] Yoreo J de, Gilbert P U, Sommerdijk N A, et al. Crystallization by particle attachment in synthetic, biogenic, and geologic environments [J]. Science, 2015, 349: aaa6760.

[77] Dong H. Mineral-microbe interactions: a review [J].Frontiers of Earth Science in China, 2010, 4 (2): 127-147.

[78] Shi L, Dong H, Reguera G, et al. Extracellular electron transfer mechanisms between microorganisms and minerals [J].Nature Reviews Microbiology, 2016, 14 (10): 651-662.

[79] Jiang X, Hu J, Lieber A M, et al. Nanoparticle facilitated extracellular electron transfer in microbial fuel cells [J]. Nano Letters, 2014, 14 (11): 6737-6742.

[80] Hu J, Zeng C, Liu G, et al. Magnetite nanoparticles accelerate the autotrophic sulfate reduction in biocathode microbial electrolysis cells [J].Biochemical Engineering Journal, 2018, 133: 96-105.

[81] Kato S, Hashimoto K, Watanabe K, et al. Microbial interspecies electron transfer via electric currents through conductive minerals [J].Proceedings of the National Academy of Sciences of the United States of America, 2012, 109 (25): 10042-10046.

[82] Deng X, Dohmae N, Kaksonen A H, et al. Biogenic iron sulfide nanoparticles to enable extracellular electron uptake in sulfate - reducing bacteria [J]. Angewandte Chemie, 2020, 132 (15): 5995-5999.

[83] Dehner C, Lauren B R, Maurice P A, et al. Size-dependent bioavailability of hematite (α-fe2o3) nanoparticles to a common aerobic bacterium [J].Environmental Science & Technology, 2011, 45 (3): 977-983.

[84] Zhou T, Wang J, You L, et al. NanoFe3O4 as solid electron shuttles to accelerate acetotrophic methanogenesis by methanosarcina barkeri [J]. Frontiers in Microbiology, 2019, 10: 388.

[85] Zhuang L, Xu J, Tang J, et al. Effect of ferrihydrite bi-

omineralization on methanogenesis in an anaerobic incubation from paddy soil [J].Journal of Geophysical Research: Biogeosciences, 2015, 120 (5): 876-886.

[86] Kato S, Igarashi K. Enhancement of methanogenesis by electric syntrophy with biogenic iron - sulfide minerals [J]. Microbiology Open, 2019, 8 (3): e647.

[87] Viggi C C, Rossetti S, Fazi S, et al. Magnetite particles triggering a faster and more robust syntrophic pathway of methanogenic propionate degradation [J]. Environmental Science & Technology, American Chemical Society, 2014, 48 (13): 7536-7543.

[88] Rotaru A E, Calabrese A F, Stryhanyuk B H, et al. Conductive particles enable syntrophic acetate oxidation between geobacter and methanosarcina from coastal sediments [J]. American Society for Microbidogy, 2018, 9 (3): e00226-18.

[89] You Y, Zheng S, Zang H, et al. Stimulatory effect of magnetite on the syntrophic metabolism of *Geobacter* cocultures: influences of surface coating [J].Geochimica et Cosmochimica Acta, 2019, 256: 82-96.

[90] Yamada C, Kato S, Ueno Y, et al. Conductive iron oxides accelerate thermophilic methanogenesis from acetate and propionate [J].Journal of Bioscience and Bioengineering, 2015, 119 (6): 678-682.

[91] Tang J, Zhuang L, Ma J, et al. Secondary mineralization of ferrihydrite affects microbial methanogenesis in *Geobacter - Methanosarcina* cocultures [J]. Applied & Environmental Microbiology, 2016, 82 (19): 01517-16.

[92] Sakimoto K K, Wong A B, Yang P, et al. Self-photosen-

sitization of nonphotosynthetic bacteria for solar to chemical production [J].Science, 2016, 351 (6268): 74-77.

[93] Wang B, Zeng C, Chu K H, et al. Enhanced biological hydrogen production from escherichia coli with surface precipitated cadmium sulfide nanoparticles [J].Advanced Energy Materials, 2017, 7 (20): 1700611.1-1700611.11.

[94] Hu X, Cook S, Wang P, et al. In vitro evaluation of cytotoxicity of engineered metal oxide nanoparticles [J].Science of the Total Environment, 2009, 407 (8): 3070-3072.

[95] Jie X, Campbell J M, Zhang N, et al. Did mineral surface chemistry and toxicity contribute to evolution of microbial extracellular polymeric substances [J]. Astrobiology, 2012, 12 (8): 785-798.

[96] Kang S, Mauter M S, Elimelech M. Microbial cytotoxicity of carbon-based nanomaterials: implications for river water and wastewater effluent [J].Environmental Science & Technology, 2009, 43 (7): 2648-2653.

[97] Gautam G, Jha D, Gaurav S S, et al. Synthesis of carbon nanoparticles from mustard oil and evaluation of their antibacterial activity against dental caries [J]. Micro & Nano Letters, 2017, 12 (10): 799-802.

[98] Tee J K, Ong C N, Bay B H, et al. Oxidative stress by inorganic nanoparticles [J]. WIREs Nanomedicine & Nanobiotechnology, 2016, 8 (3): 414-438.

[99] Chairuangkitti P, Lawanprasert S, Roytrakul S, et al. Silver nanoparticles induce toxicity in A549 cells via ROS-dependent and ROS-independent pathways [J]. Toxicology in Vitro, 2013, 27 (1): 330-338.

[100] Saleh N B, Milliron D J, Aich N, et al. Importance of

doping, dopant distribution, and defects on electronic band structure alteration of metal oxide nanoparticles: implications for reactive oxygen species [J]. Science of the Total Environment, 2016, 568 (15): 926-932.

[101] Prasanna V L, Vijayaraghavan R. Insight into the mechanism of antibacterial activity of zno: surface defects mediated reactive oxygen species even in the dark [J]. Langmuir the Acs Journal of Surfaces & Colloids, 2015, 31 (33): 9155-9162.

[102] Raghupathi K R, Koodali R T, Manna A C. Size-dependent bacterial growth inhibition and mechanism of antibacterial activity of zinc oxide nanoparticles [J]. Langmuir, 2011, 27 (7): 4020-4028.

[103] Xiao Y, Vijver M G, Chen G, et al. Toxicity and accumulation of Cu and ZnO nanoparticles in *Daphnia magna* [J]. Environmental Science & Technology, 2015, 49 (7): 4657-4664.

[104] Joe A, Park S H, Shim K D, et al. Antibacterial mechanism of ZnO nanoparticles under dark conditions [J]. Journal of Industrial & Engineering Chemistry, 2016, 45: 430-439.

[105] Pandurangan M, Kim D H. In vitro toxicity of zinc oxide nanoparticles: a review [J]. Journal of Nanoparticle Research, 2015, 17 (3): 1-8.

[106] Wehmas L C, Anders C, Chess J, et al. Comparative metal oxide nanoparticle toxicity using embryonic zebrafish [J]. Toxicology Reports, 2015, 2: 702-715.

[107] Zhang H Y, Ji Z X, Xia T, et al. Use of metal oxide nanoparticle band gap to develop a predictive paradigm for

oxidative stress and acute pulmonary inflammation [J]. ACS Nano, 2012, 6 (5): 4349-4368.

[108] Wang D, Lin Z F, Wang T, et al. Where does the toxicity of metal oxide nanoparticles come from: the nanoparticles, the ions, or a combination of both [J]. Journal of Hazardous Materials, 2016, 308: 328-334.

[109] Foldbjerg R, Jiang X M, Miclaus T, et al. Silver nanoparticles - wolves in sheep's clothing [J]. Toxicology Research, 2015 (3): 563-575.

[110] Sheikhloo Z, Salouti M. Intracellular biosynthesis of gold nanoparticles by fungus phoma macrostoma [J]. Synthesis and Reactivity in Inorganic Metal - Organic and Nano - Metal Chemistry, 2012, 42 (1): 65-67.

[111] Ramachandran R, Krishnaraj C, Stacey L, et al. Plant extract synthesized silver nanoparticles: an ongoing source of novel biocompatible materials [J]. Industrial Crops and Products, 2015, 70: 356-373.

[112] Furka árpád, Hargittai M. Book Reviews: combinatorial chemistry: synthesis, analysis, screening. edited by Günther Jung. Silicon Chemistry. edited by Ulrich Schubert (Vienna Technical University, Austria). Green Chemistry: Theory and Practice. by Paul T. Anastas (U.S. Environmental [J]. Structural Chemistry, 2000, 11 (5): 331-333.

[113] Adam S, Gabriela K, Markéta M, et al. Biosynthesis of gold nanoparticles using diatoms—silica - gold and EPS - gold bionanocomposite formation [J]. Journal of Nanoparticle Research, 2011, 13 (8): 3207-3216.

[114] Jain R, Jordan N, Weiss S, et al. Extracellular polymeric substances govern the surface charge of biogenic elemen-

[115] tal selenium nanoparticles [J]. Environmental Science & Technology, 2014, 49 (3): 1713-1720.

[115] Cremonini E, Zonaro E, Donini M, et al. Biogenic selenium nanoparticles: characterization, antimicrobial activity and effects on human dendritic cells and fibroblasts [J].Microdial Biotechnology, 2016, 9 (6): 758-771.

[116] Rajput S, Werezuk R, Lange R M, et al. Fungal isolate optimized for biogenesis of silver nanoparticles with enhanced colloidal stability [J]. Langmuir, 2016, 32 (34): 8688-8697.

[117] Sylvestre J P, Poulin S, Kabashin A v, et al. Surface chemistry of gold nanoparticles produced by laser ablation in aqueous media [J]. Journal of Physical Chemistry B, 2004, 108 (43): 16864-16869.

[118] Piacenza E, Presentato A, Turner R J. Stability of biogenic metal (loid) nanomaterials related to the colloidal stabilization theory of chemical nanostructures [J].Critical Reviews in Biotechnology, 2018, 38: 1137-1156.

[119] Omajali J B, Mikheenko I P, Merroun M L, et al. Characterization of intracellular palladium nanoparticles synthesized by *Desulfovibrio desulfuricans* and *Bacillus benzeovorans* [J]. Journal of Nanoparticle Research, 2015, 17 (6): 264.

[120] Rozhin A, Batasheva S, Kruychkova M, et al. Biogenic silver nanoparticles: synthesis and application as antibacterial and antifungal agents [J]. Micromachanes, 2021, 12 (12): 1480.

[121] Wu X E, Zhao F, Rahunen N, et al. A role for microbial palladium nanoparticles in extracellular electron transfer

[J].Angewandte Chemie International Edition, 2011, 50 (2): 427-430.

[122] Tran D T, Jones I P, Preece J A, et al. Configuration of microbially synthesized Pd-Au nanoparticles studied by STEM-based techniques [J].Nanotechnology, 2012, 23 (5): 055701.

[123] Deplanche K, Woods R D, Mikheenko I P, et al. Manufacture of stable palladium and gold nanoparticles on native and genetically engineered flagella scaffolds [J]. Bioengineering and Biotechnology, 2008, 101 (5): 873-880.

[124] Capeness M J, Edmundson M C, Horsfall L E. Nickel and platinum group metal nanoparticle production by *Desulfovibrio alaskensis* G20 [J].New Biotechnology, 2015, 32 (6): 727-731.

[125] Gunarani G I, Raman A B, Kumar J D, et al. Biogenic synthesis of Fe and NiFe nanoparticles using *Terminalia bellirica* extracts for water treatment applications [J].Materials Letters, 2019, 247: 90-94.

[126] Duran N, Seabra A B. Metallic oxide nanoparticles: state of the art in biogenic syntheses and their mechanisms [J].Applied Microbiology and Biotechnology, 2012, 95 (2): 275-288.

[127] Gong J, Song X M, Gao Y, et al. The effect of culture condition on synthesis of nanoparticles lead sulfide by desulfovibrio desulfuricans [J].Chinese Journal of Applied & Environmental Biology, 2016, 22 (2): 206-212.

[128] Gong J, Song X M, Gao Y, et al. Microbiological synthesis of zinc sulfide nanoparticles using *Desulfovibrio desulfuricans* [J]. Inorganic and Nano - Metal Chemistry,

2018, 48 (2): 96-102.

[129] Lloyd J R, Yong P, Macaskie L E. Enzymatic recovery of elemental palladium by using sulfate – reducing bacteria [J]. Applied & Environmental Microbiology, 1998, 64 (11): 4607-4609.

[130] Yong P, Farr J, Harris I R, et al. Palladium recovery by immobilized cells of *Desulfovibrio desulfuricans* using hydrogen as the electron donor in a novel electrobioreactor [J]. Biotechnology Letters, 2002, 24 (3): 205-212.

[131] Yong P, Rowson N A, Farr J P G, et al. Bioaccumulation of palladium by *Desulfovibrio desulfuricans* [J]. Journal of Chemical Technology & Biotechnology, 2010, 77 (5): 593-601.

[132] DeWindt W, Boon N, van den Bulcke J, et al. Biological control of the size and reactivity of catalytic Pd (0) produced by *Shewanella oneidensis* [J]. Antonie Van Leeuwenhoek, 2006, 90 (4): 377-389.

[133] Windt W D, Aelterman P, Verstraete W. Bioreductive deposition of palladium (0) nanoparticles on *Shewanella oneidensis* with catalytic activity towards reductive dechlorination of polychlorinated biphenyls [J]. Environmental Microbiology, 2005, 7 (3): 314-325.

[134] Lee J H, Han J, Choi H, et al. Effects of temperature and dissolved oxygen on Se (IV) removal and Se (0) precipitation by *Shewanella* sp. HN-41 [J]. Chemosphere, 2007, 68 (10): 1898-1905.

[135] Ebrahiminezhad A, Zare M, Kiyanpour S, et al. Biosynthesis of xanthan gum – coated INPs by using *Xan-*

thomonas campestris [J]. IET Nanobiotechnology, 2018, 12 (3): 254-258.

[136] Rajeswaran S, Thirugnanasambandan S S, Dewangan N K, et al. Multifarious pharmacological applications of green routed eco-friendly iron nanoparticles synthesized by *Streptomyces* Sp. (SRT12) [J]. Biological Trace Element Research, 2020, 194 (1): 273-283.

[137] Ghazzal M N, Goffin J, Gaigneaux E M, et al. Magnetic nanoparticle with high efficiency for bacteria and yeast extraction from contaminated liquid media [J]. Journal of the Taiwan Institute of Chemical Engineers, 2017, 71: 62-68.

[138] Jacinto M J, Silva V C, Valladao D M S, et al. Biosynthesis of magnetic iron oxide nanoparticles: a review [J]. Biotechnology Letters, 2021, 43 (1): 1-12.

[139] Lee J H, Roh Y, Hur H G. Microbial production and characterization of superparamagnetic magnetite nanoparticles by *Shewanella* sp. HN-41 [J]. Journal of Microbiology & Biotechnology, 2008, 18 (9): 1572-1577.

[140] Luo H W, Zhang X, Chen J J, et al. Probing the biotransformation of hematite nanoparticles and magnetite formation mediated by *Shewanella oneidensis* MR-1 at the molecular scale [J]. Environmental Science Nano, 2017, 4 (12): 2395-2404.

[141] Lee S Y, Baik M H, Choi J W. Biogenic formation and growth of uraninite (UO_2) [J]. Environmental Science & Technology, 2010, 44 (22): 8409-8414.

[142] Wright M H, Farooqui S M, White A R, et al. Production of manganese oxide nanoparticles by *Shewanel-*

la species [J]. Applied and Environmental Microbiology, 2016, 82 (17): 5402-5409.

[143] Voeikova T A, Shebanova A S, Ivanov Y D, et al. The role of proteins of the outer membrane of *Shewanella oneidensis* MR-1 in the formation and stabilization of silver sulfide nanoparticles [J]. Applied Biochemistry and Microbiology, 2016, 52 (8): 769-775.

[144] Yang M, Shi X. Biosynthesis of Ag2S/TiO2 nanotubes nanocomposites by *Shewanella oneidensis* MR-1 for the catalytic degradation of 4-nitrophenol [J]. Environmental Science and Pollution Research, 2019, 26 (12): 12237-12246.

[145] Huo Y C, Li W W, Chen C B, et al. Biogenic FeS accelerates reductive dechlorination of carbon tetrachloride by *Shewanella putrefaciens* CN32 [J]. Enzyme Microbial Technology, 2016, 95: 236-241.

[146] Xiao X, Ma X B, Yuan H, et al. Photocatalytic properties of zinc sulfide nanocrystals biofabricated by metal-reducing bacterium *Shewanella oneidensis* MR-1 [J]. Journal of Hazardous Materials, 2015, 288 (15): 134-139.

[147] Kimber R L, Lewis E A, Parmeggiani F, et al. Biosynthesis and characterization of copper nanoparticles using *Shewanella oneidensis*: application for click chemistry [J].Small, 2018, 14 (10): 1703145.

[148] Zhou N Q, Tian L J, Wang Y C, et al. Extracellular biosynthesis of copper sulfide nanoparticles by *Shewanella oneidensis* MR-1 as a photothermal agent [J].Enzyme Microbial Technology, 2016, 95: 230-235.

[149] Jiang S, Lee J H, Kim M G, et al. Biogenic formation of As-S nanotubes by diverse *Shewanella* strains [J]. Applied and Environmental Microbiology, 2009, 75 (21): 6896-6899.

[150] Lee J H, Kim M G, Yoo B, et al. Biogenic formation of photoactive arsenic - sulfide nanotubes by *Shewanella* sp. strain HN-41 [J]. Proceedings of the National Academy of Sciences of the United States of America, 2008, 104 (51): 20410-20415.

[151] Klonowska A, Heulin T, Vermeglio A. Selenite and tellurite reduction by *Shewanella oneidensis* [J]. Applied & Environmental Microbiology, 2005, 71 (9): 5607-5609.

[152] Tian L, Li W, Zhu T, et al. Directed biofabrication of nanoparticles through regulating extracellular electron transfer [J]. Journal of the American Chemical Society, 2017, 139 (35): 12149-12152.

[153] Potter M C. Electrical effects accompanying the decomposition of organic compounds, considered in relation to photosynthesis and plant nutrition [J]. Protoplasma, 1930, 10 (1): 627-628.

[154] Cohen B. The bacterial culture as an electrical half-cell [J]. Journal of Bacteriology, 1931, 21 (1): 18-19.

[155] Pankratova G, Hederstedt L, Gorton L. Extracellular electron transfer features of Gram-positive bacteria [J]. Analytica Chimica Acta, 2019, 1076: 32-47.

[156] Arnold R G, Dichristina T J, Hoffmann M R. Reductive dissolution of Fe (Ⅲ) oxides by *Pseudomonas* sp. 200. [J]. Biotechnology & Bioengineering, 2010, 32 (9): 1081-1096.

[157] Gorby Y, Yanina S, Mclean J, et al. Electrically conductive bacterial nanowires produced by *Shewanella oneidensis* strain MR-1 and other microorganisms [J]. Proceedings of the National Academy of Sciences of the United States of America, 2006, 103 (30): 11358-11363.

[158] Martins M, Assunção A, Martins H, et al. Palladium recovery as nanoparticles by an anaerobic bacterial community [J]. Journal of Chemical Technology & Biotechnology, 2013, 88: 2039-2045.

[159] Li H, Guo J, Jing L, et al. Effective and characteristics of anthraquinone-2, 6-disulfonate (AQDS) on denitrification by *Paracoccus versutus* sp. GW1 [J]. Environmental Technology, 2013, 34 (17-20): 2563-2570.

[160] Lin C W, Wu C H, Chiu Y H, et al. Effects of different mediators on electricity generation and microbial structure of a toluene powered microbial fuel cell [J]. Fuel, 2014, 125: 30-35.

[161] Nishio K, Nakamura R, Lin X, et al. Extracellular electron transfer across bacterial cell membranes via a cytocompatible redox-active polymer [J]. Chemphyschem, 2013, 14: 2159-2163.

[162] Marsili E, Baron D B, Shikhare I D, et al. *Shewanella* secretes flavins that mediate extracellular electron transfer [J]. Proceedings of the National Academy of Sciences of the United States of America, 2008, 105 (10): 3968-3973.

[163] Okamoto A, Hashimoto K, Nealson K H, et al. Rate enhancement of bacterial extracellular electron transport involves bound flavin semiquinones [J]. Proceedings of the

National Academy of Sciences of the United States of America, 2013, 110 (19): 7856-7861.

[164] Hernandez M E, Kappler A, Newman D K. Phenazines and other redox - active antibiotics promote microbial mineral reduction [J]. Applied and Environmental Microbiology, 2004, 70 (2): 921-928.

[165] Canstein H v, Ogawa J, Shimizu S, et al. Secretion of flavins by *Shewanella* species and their role in extracellular electron transfer [J]. Applied and Environmental Microbiology, 2008, 74 (3): 615-623.

[166] Chen J J, Chen W, Hui H, et al. Manipulation of microbial extracellular electron transfer by changing molecular structure of phenazine-type redox mediators [J]. Environmental Science & Technology, 2013, 47 (2): 1033-1039.

[167] Okamoto A, Nakamura R, Hashimoto K. In-vivo identification of direct electron transfer from *Shewanella oneidensis* MR - 1 to electrodes via outer - membrane OmcA - MtrCAB protein complexes [J]. Electrochimica Acta, 2011, 56 (16): 5526-5531.

[168] Coursolle D, Gralnik J A, et al. Modularity of the Mtr respiratory pathway of *Shewanella oneidensis* strain MR - 1 [J]. Molecular Microbiology, 2010, 77 (4): 995-1008.

[169] Subramanian P, Pirbadian S, El-Naggar M Y, et al. Ultrastructure of *Shewanella oneidensis* MR-1 nanowires revealed by electron cryotomography [J]. Proceedings of the National Academy of Sciences of the United States of America, 2018, 115 (14): 3246-3255.

[170] Okamoto A, Hashimoto K, Nealson K H. Flavin redox

bifurcation as a mechanism for controlling the direction of electron flow during extracellular electron transfer [J].Angewandte Chemie International Edition, 2014, 53 (41): 10988-10991.

[171] Kondo K, Okamoto A, Hashimoto K, et al. Sulfur-mediated electron shuttling sustains microbial long-distance extracellular electron transfer with the aid of metallic iron sulfides [J].Langmuir, 2015, 31 (26): 7427-7434.

[172] Shi L, Squier T C, Zachara J M, et al. Respiration of metal (hydr) oxides by *Shewanella* and *Geobacter*: a key role for multihaem c-type cytochromes [J].Molecular microbiology, 2007, 65 (1): 12-20.

[173] Zacharoff L, Chan C H, Bond D R. Reduction of low potential electron acceptors requires the CbcL inner membrane cytochrome of *Geobacter sulfurreducens* [J].Bioelectrochemistry, 2016, 107: 7-13.

[174] Qian X, Reguera G, Mester T, et al. Evidence that OmcB and OmpB of *Geobacter sulfurreducens* are outer membrane surface proteins [J]. FEMS Microbiology Letters, 2007, 277 (1): 21-27.

[175] Malvankar N S, Vargas M, Nevin K P, et al. Tunable metallic-like conductivity in microbial nanowire networks [J]. Nature Nanotechnology, 2011, 6 (9): 573-579.

[176] Strycharz S M, Glaven R H, Coppi M v, et al. Gene expression and deletion analysis of mechanisms for electron transfer from electrodes to *Geobacter sulfurreducens* [J].Bioelectrochemistry, 2011, 80 (2): 142-150.

[177] Feng J, Jiang M, Li K, et al. Direct electron uptake

from a cathode using the inward Mtr pathway in *Escherichia coli* [J].Bioelectrochemistry, 2020, 134: 107498.
[178] Huang L Y, Tang J H, Chen M, et al. Two modes of riboflavin - mediated extracellular electron transfer in *Geobacter uraniireducens* [J]. Frontiers in Microbiology, 2018, 9: 2886.
[179] Rabaey K, Boon N, Höfte M, et al. Microbial phenazine production enhances electron transfer in biofuel cells [J]. Environmental Science & Technology, 2005, 39 (9): 3401-3408.
[180] Liu J, Pearce C I, Liu C, et al. $Fe_{3-x}Ti_xO_4$ nanoparticles as tunable probes of microbial metal oxidation [J]. Journal of the American Chemical Society, 2013, 135 (24): 8896-8907.
[181] Beese-Vasbender P F, Grote J P, Garrelfs J, et al. Selective microbial electrosynthesis of methane by a pure culture of a marine lithoautotrophic archaeon [J]. Bioelectrochemistry, 2015, 102: 50-55.
[182] Bird L J, Saraiva I H, Park S, et al. Nonredundant roles for cytochrome c (2) and two high - potential iron-sulfur proteins in the photoferrotroph rhodopseudomonas palustris TIE - 1 [J]. Journal of Bacteriology, 2014, 196 (4): 850-858.
[183] Yarzabal A, Brasseur G, Ratouchniak J, et al. The high-molecular-weight cytochrome c Cyc2 of *Acidithiobacillus ferrooxidans* is an outer membrane protein [J].Journal of Bacteriology, 2002, 184 (1): 313-317.
[184] Yu Y, Wu Y, Cao B, et al. Adjustable bidirectional extracellular electron transfer between *Comamonas testosteroni*

biofilms and electrode via distinct electron mediators [J].Electrochemistry Communications, 2015, 59: 43-47.
[185] Li X, Zeng X, Qiu D, et al. Extracellular electron transfer in fermentative bacterium *Anoxybacter fermentans* DY22613T isolated from deep-sea hydrothermal sulfides [J]. Science of the Total Environment, 2020, 722: 137723.
[186] Carlson H K, Iavarone A T, Gorur A, et al. Surface multiheme c-type cytochromes from *Thermincola potens* and implications for respiratory metal reduction by Gram-positive bacteria [J]. Proceedings of the National Academy of Sciences of the United States of America, 2012, 109 (5): 1702-1707.
[187] Light S H, Su L, Rivera-Lugo R, et al. A flavin-based extracellular electron transfer mechanism in diverse Gram-positive bacteria [J]. Nature, 2018, 562 (7725): 140-144.
[188] Pankratova G, Leech D, Gorton L, et al. Extracellular electron transfer by the Gram-positive bacterium *Enterococcus faecalis* [J]. Biochemistry, 2018, 57 (30): 4597-4603.
[189] Wang Y F, Masuda M, Tsujimura S, et al. Electrochemical regulation of the end-product profile in *Propionibacterium freudenreichii* ET-3 with an endogenous mediator [J].Biotechnology and Bioengineering, 2008, 101 (3): 579-586.
[190] Malvankar N S, Lovley D R. Microbial nanowires for bioenergy applications [J].Current Opinion in Biotechnology, 2014, 27: 88-95.

[191] Engel M, Bayer H, Holtmann D, et al. Flavin secretion of *Clostridium acetobutylicum* in a bioelectrochemical system-is an iron limitation involved? [J].Bioelectrochemistry, 2019, 129: 242-250.

[192] Yang Y, Wang Z, Gan C, et al. Long-distance electron transfer in a filamentous Gram-positive bacterium [J].Nature Communications, 2021, 12 (1): 1709.

[193] Gavrilov S N, Lloyd J R, Kostrikina N A, et al. Fe (Ⅲ) oxide reduction by a gram-positive thermophile: physiological mechanisms for dissimilatory reduction of poorly crystalline Fe (Ⅲ) Oxide by a thermophilic Gram-positive bacterium *Carboxydothermus ferrireducens* [J]. Geomicrobiology Journal, 2012, 29 (9): 804-819.

[194] Paquete C M. Electroactivity across the cell-wall of Gram-positive bacteria [J].Computational and Structural Biotechnology Journal, 2020, 18: 3796-3802.

[195] Xiao X, Yu H Q. Molecular mechanisms of microbial transmembrane electron transfer of electrochemically active bacteria [J]. Current Opinion in Chemical Biology, 2020, 59: 104-110.

[196] Pinchuk G E, Rodionov D A, Chen Y, et al. Genomic reconstruction of *Shewanella oneidensis* MR-1 metabolism reveals a previously uncharacterized machinery for lactate utilization [J]. Proceedings of the National Academy of Sciences of the United States of America, 2009, 106 (8): 2874-2879.

[197] Madsen C S, Teravest M A. NADH dehydrogenases Nuo and Nqr1 contribute to extracellular electron transfer by *Shewanella oneidensis* MR-1 in bioelectrochemical systems

[J].Scientific Reports, 2019, 9 (1): 14959.

[198] Ross D E, Ruebush S S, Brantley S L, et al. Characterization of protein-protein interactions involved in iron reduction by *Shewanella oneidensis* MR-1 [J]. Applied and Environmental Microbiology, 2007, 73 (18): 5797-5808.

[199] Sturm G, Richter K, Doetsch A, et al. A dynamic periplasmic electron transfer network enables respiratory flexibility beyond a thermodynamic regulatory regime [J].The ISME Journal, 2015, 9 (8): 1802-1811.

[200] Sebastian B, Thea B, Catarina P, et al. Extracellular reduction of solid electron acceptors by *Shewanella oneidensis* [J]. Molecular Microbiology, 2018, 109 (5): 571-583.

[201] Wang Q, Jones A A D, Gralnick J A, et al. Microfluidic dielectrophoresis illuminates the relationship between microbial cell envelope polarizability and electrochemical activity [J].Science Advances, 2019, 5 (1): eaat5664.

[202] Xu S, Jangir Y, El-Naggar M Y. Disentangling the roles of free and cytochrome-bound flavins in extracellular electron transport from *Shewanella oneidensis* MR-1 [J].Electrochimica Acta, 2016, 198: 49-55.

[203] Chong G W, Pirbadian S, El-Naggar M Y. Surface-induced formation and redox-dependent staining of outer membrane extensions in *Shewanella oneidensis* MR-1 [J]. Frontiers in Energy Research, 2019, 7: 1-9.

[204] Pirbadian S, Barchinger S E, Leung K M, et al. *Shewanella oneidensis* MR-1 nanowires are outer membrane and periplasmic extensions of the extracellular elec-

tron transport components [J].Proceedings of the National Academy of Sciences of the United States of America, 2014, 111 (35): 12883-12888.

[205] Butler J E, Kaufmann F, Coppi M v, et al. MacA, a diheme c-type cytochrome involved in Fe (Ⅲ) reduction by *Geobacter sulfurreducens* [J].Journal of Bacteriology, 2004, 186 (12): 4042-4045.

[206] Ueki T, DiDonato L N, Lovley D R. Toward establishing minimum requirements for extracellular electron transfer in *Geobacter sulfurreducens* [J].FEMS Microbiology Letters, 2017, 364 (9): eaat5664.

[207] Peng L, Zhang Y. Cytochrome OmcZ is essential for the current generation by *Geobacter sulfurreducens* under low electrode potential [J].Electrochimica Acta, 2017, 228: 447-452.

[208] Zacharoff L A, Morrone D J, Bond D R. *Geobacter sulfurreducens* extracellular multiheme cytochrome PgcA facilitates respiration to Fe (Ⅲ) oxides but not electrodes [J].Frontiers in Microbiology, 2017, 8: 2481.

[209] Leang C, Malvankar N S, Franks A E, et al. Engineering *Geobacter sulfurreducens* to produce a highly cohesive conductive matrix with enhanced capacity for current production [J].Energy & Environmental Science, 2013, 6 (6): 1901-1908.

[210] Walker D J F, Nevin K P, Holmes D E, et al. Syntrophus conductive pili demonstrate that common hydrogen-donating syntrophs can have a direct electron transfer option [J].The ISME Journal, 2020, 14 (3): 837-846.

[211] Zhang T, Cui C, Chen S, et al. The direct electrocatalysis

[212] Liu F, Xu M, Chen X, et al. A novel strategy for tracking the microbial degradation of azo dyes with different polarity in living cells [J]. Environmental Science & Technology, 2015, 49 (19): 11356-11362.

of *Escherichia coli* through electroactivated excretion in microbial fuel cell [J]. Electrochemistry Communications, 2008, 10 (2): 293-297.

[213] Lusk B G. Thermophiles; or, the modern prometheus: the importance of extreme microorganisms for understanding and applying extracellular electron transfer [J]. Frontiers in Microbiology, 2019, 10: 818.

[214] Wrighton K C, Thrash J C, Melnyk R A, et al. Evidence for direct electron transfer by a gram-positive bacterium isolated from a microbial fuel cell [J]. Applied and Environmental Microbiology, 2011, 77 (21): 7633-7639.

[215] Costa N L, Hermann B, Fourmond V, et al. How thermophilic Gram-positive organisms perform extracellular electron transfer: characterization of the cell surface terminal reductase ocwA [J]. Mbio, 2019, 10 (4): e01210-e01219.

[216] Wang F, Gu Y, O'Brien J P, et al. Structure of microbial nanowires reveals stacked hemes that transport electrons over micrometers [J]. Cell, 2019, 177 (2): 361-369.

[217] Nakatani Y, Shimaki Y, Dutta D, et al. Unprecedented properties of phenothiazines unraveled by a ndh-2 bioelectrochemical assay platform [J]. Journal of the American Chemical Society, 2019, 142 (3): 1311-1320.

[218] Light S H, Méheust R, Ferrell J L, et al. Extracellular electron transfer powers flavinylated extracellular reductases in Gram-positive bacteria [J]. Proceedings of the National Academy of Sciences of the United States of America, 2019, 116 (52): 201915678.

[219] 刘姝睿, 吴雪娥, 王远鹏. 纳米材料介导微生物胞外电子传递过程的研究进展[J]. 化工学报, 2021, 72 (7): 3576-3589.

[220] Wu R, Cui L, Chen L, et al. Effects of bio-au nanoparticles on electrochemical activity of *Shewanella oneidensis* wild type and ΔomcA/mtrC mutant [J]. Scientific Reports, 2013, 3: 3307.

[221] Yu Y Y, Wang Y Z, Fang Z, et al. Single cell electron collectors for highly efficient wiring-up electronic abiotic/biotic interfaces [J]. Nature Communications, 2020, 11 (1): 4087.

[222] Lin T, Ding W Q, Sun L M, et al. Engineered *Shewanella oneidensis*-reduced graphene oxide biohybrid with enhanced biosynthesis and transport of flavins enabled a highest bioelectricity output in microbial fuel cells [J]. Nano Energy, 2018, 50: 639-648.

[223] Yong Y, Yu Y, Zhang X. Highly active bidirectional electron transfer by a self-assembled electroactive reduced-graphene-oxide-hybridized biofilm [J]. Angewandte Chemie International Edition, 2014, 53 (17): 4480-4483.

[224] Virdis B, Dennis P G. The nanostructure of microbially-reduced graphene oxide fosters thick and highly-performing electrochemically-active biofilms [J]. Journal

of Power Sources, 2017, 356: 556-565.

[225] Chen M, Zhou X F, Liu X, et al. Facilitated extracellular electron transfer of Geobacter sulfurreducens biofilm with in situ formed gold nanoparticles [J].Biosensors & Bioelectronics, 2018, 108: 20-26.

[226] Wang R, Li H, Sun J, et al. Nanomaterials facilitating microbial extracellular electron transfer at interfaces [J].Advanced Materials, 2020, 33 (6): 2004051.

[227] Liu F H, Rotaru A E, Shrestha P M, et al. Magnetite compensates for the lack of a pilin – associated c – type cytochrome in extracellular electron exchange [J].Environmental Microbiology, 2015, 17 (3): 648-655.

[228] Li H J, Chang J L, Liu P F, et al. Direct interspecies electron transfer accelerates syntrophic oxidation of butyrate in paddy soil enrichments [J].Environmental Microbiology, 2015, 17 (5): 1533-1547.

[229] Zhao L D, Dong H L, Kukkadapu R K, et al. Biological redox cycling of iron in nontronite and its potential application in nitrate removal [J].Environmental Science & Technology, 2015, 49 (9): 5493-5501.

[230] Chen Y, Wang Z, Xu M, et al. Nanosilver incurs an adaptive shunt of energy metabolism mode to glycolysis in tumor and nontumor cells [J]. Acs Nano, 2014, 8 (6): 5813-25.

[231] Ahmed E, Kalathil S, Shi L, et al. Synthesis of ultra-small platinum, palladium and gold nanoparticles by *Shewanella loihica* PV-4 electrochemically active biofilms and their enhanced catalytic activities [J].Journal of Saudi Chemical Society, 2018, 22 (8): 919-929.

[232] Song X, Shi X. Bioreductive deposition of highly dispersed Ag nanoparticles on carbon nanotubes with enhanced catalytic degradation for 4-nitrophenol assisted by *Shewanella oneidensis* MR-1 [J]. Environmental Science and Pollution Research, 2017, 24 (3): 3038-3044.

[233] Niu Z Y, Jia Y T, Chen Y C, et al. Positive effects of bio-nano Pd (0) toward direct electron transfer in *Pseudomona putida* and phenol biodegradation [J]. Ecotoxicology and Environmental Safety, 2018, 161: 356-363.

[234] Chen Y, Chen Y C, Jia J B, et al. Triclosan detoxification through dechlorination and oxidation via microbial Pd-NPs under aerobic conditions [J]. Chemosphere, 2022, 286: 131836.

[235] Corte S D, Hennebel T, Fitts J P, et al. Biosupported bimetallic Pd-Au nanocatalysts for dechlorination of environmental contaminants [J]. Environmental Science & Technology, 2011, 45 (19): 8506-8513.

[236] Xu H, Xiao Y, Xu M Y, et al. Microbial synthesis of Pd-Pt alloy nanoparticles using *Shewanella oneidensis* MR-1 with enhanced catalytic activity for nitrophenol and azo dyes reduction [J]. Nanotechnology, 2019, 30 (6): 065607.

[237] Shen L, Jin Z, Wang D, et al. Enhance wastewater biological treatment through the bacteria induced graphene oxide hydrogel [J]. Chemosphere, 2018, 190: 201-210.

[238] He Y R, Cheng Y Y, Wang W K, et al. A green approach to recover Au (Ⅲ) in aqueous solution using biologically assembled rGO hydrogels [J]. Chemical Engineering Journal, 2015, 270: 476-484.

[239] Wang W, Zhang B G, Liu Q S, et al. Biosynthesis of palladium nanoparticles using Shewanella loihica PV-4 for excellent catalytic reduction of chromium (Ⅵ) [J]. Environmental Science Nano, 2018, 5 (3): 730-739.

[240] 巫晓强. 乳铁蛋白对去卵巢大鼠IGF-IR、IGFBP-2、IGFBP-4mRNA表达影响的研究 [D]. 福州: 福建医科大学, 2015.

[241] Jia Y T, Zhou M M, Chen Y C, et al. Carbon selection for nitrogen degradation pathway by *Stenotrophomonas maltophilia*: based on the balances of nitrogen, carbon and electron [J]. Bioresource Technology, 2019, 294: 122114.

[242] Pan W, Pan C, Bae Y, et al. Role of manganese in accelerating the oxidation of Pb (Ⅱ) carbonate solids to Pb (Ⅳ) oxide at drinking water conditions [J]. Environmental Science & Technology, 2019, 53 (12): 6699-6707.

[243] Liu Y, Gu M, Yin Q, et al. Thermodynamic analysis of direct interspecies electron transfer in syntrophic methanogenesis based on the optimized energy distribution [J]. Bioresource Technology, 2019, 297: 122345.

[244] Yong P, Mikheenko I P, Deplanche K, et al. Biorefining of precious metals from wastes: an answer to manufacturing of cheap nanocatalysts for fuel cells and power generation via an integrated biorefinery [J]. Biotechnology Letters, 2010, 32 (12): 1821-1828.

[245] Yang Z N, Hou Y N, Zhang B, et al. Insights into palladium nanoparticles produced by *Shewanella oneidensis* MR-1: roles of NADH dehydrogenases and hydrogenases [J]. Environmental Research, 2020, 191: 110196.

[246] Dundas C M, Graham A J, Romanovicz D K, et al. Extracellular electron transfer by *Shewanella oneidensis* controls palladium nanoparticle phenotype [J]. ACS Synthetic Biology, 2018, 7 (12): 2726-2736.

[247] Ng C K, Tan T K C, Song H, et al. Reductive formation of palladium nanoparticles by *Shewanella oneidensis*: role of outer membrane cytochromes and hydrogenases [J]. RSC Advance, 2013, 3 (44): 22498-22503.

[248] Chen Y, Hu K Q, Chen Y C. The effect of biotic and abiotic environmental factors on Pd (II) adsorption and reduction by *Bacillus megaterium* Y-4 [J]. Chemosphere, 2019, 220: 1058-1066.

[249] Liu W J, Wang L Y, Wang J, et al. New insights into microbial-mediated synthesis of Au@biolayer nanoparticles [J]. Environmental Science Nano, 2018, 5 (7): 1757-1763.

[250] Nair B, Pradeep T. Coalescence of nanoclusters and formation of submicron crystallites assisted by lactobacillus strains [J]. Crystal Growth & Design, 2002, 2 (4): 293-298.

[251] Xiao Y, Zhang E H, Zhang J D, et al. Extracellular polymeric substances are transient media for microbial extracellular electron transfer [J]. Science Advances, 2017, 3 (7): e1700623.

[252] You L X, Liu L D, Xiao Y, et al. Flavins mediate extracellular electron transfer in Gram-positive *Bacillus megaterium* strain LLD-1 [J]. Bioelectrochemistry, 2018, 119: 196-202.

[253] Wu S, Xiao Y, Wang L, et al. Extracellular elec-

tron transfer mediated by flavins in Gram – positive *Bacillus* sp. WS-XY1 and Yeast Pichia stipitis [J].Electrochimica Acta, 2014, 146: 564-567.

[254] Hubenova Y, Hubenova E, Mitov M. Electroactivity of the Gram – positive bacterium Paenibacillus dendritiformis MA – 72 [J]. Bioelectrochemistry, 2020, 136: 107632.

[255] Okamoto A, Saito K, Inoue K, et al. Uptake of self-secreted flavins as bound cofactors for extracellular electron transfer in Geobacter species [J].Energy & Environmental Science, 2014, 7 (4): 1357-1361.

[256] Zhang R, Zhang R, Jian R, et al. Bio-inspired lanthanum – ortho – quinone catalysis for aerobic alcohol oxidation: semi-quinone anionic radical as redox ligand [J].Nature Communications, 2022, 13 (1): 428.

[257] RockstroM J, Steffen W, Noone K, et al. A safe operating space for humanity [J].Nature, 2009, 461 (7263): 472-475.

[258] Zhang H, Hu X. Rapid production of Pd nanoparticle by a marine electrochemically active bacterium *Shewanella* sp. CNZ-1 and its catalytic performance on 4 – nitrophenol reduction [J].RSC Advances, 2017, 7: 41182-41189.

[259] You L X, Pan D M, Chen N J, et al. Extracellular electron transfer of *Enterobacter cloacae* SgZ-5T via bi-mediators for the biorecovery of palladium as nanorods [J].Environment International, 2019, 123: 1-9.

[260] Wang J H, Lin W M, Chen Y C, et al. Prompting the FDH/Hases-based electron transfers during Pt (Ⅳ) reduction mediated by bio – Pd (0) [J]. Journal of

Hazardous Materials, 2021, 417: 126090.

[261] Zhou C, Wang Z, Ontiveros – Valencia A, et al. Coupling of Pd nanoparticles and denitrifying biofilm promotes H_2-based nitrate removal with greater selectivity towards N_2 [J]. Applied Catalysis B: Environmental, 2017, 206: 461-470.

[262] Lv Y C, Niu Z Y, Chen Y C, et al. Bacterial effects and interfacial inactivation mechanism of nZVI/Pd on *Pseudomonas putida* strain [J]. Water Research, 2017, 115: 297-308.

[263] Chen Y, Vymazal J. Comment on "Enhanced Long-Term Nitrogen Removal and Its Quantitative Molecular Mechanism in Tidal Flow Constructed Wetlands" [J]. Environmental Science & Technology, 2015, 49 (18): 11241-11242.

[264] Hopper A C, Li Y, Cole J A, et al. A critical role for the ccca gene product, cytochrome c2, in diverting electrons from aerobic respiration to denitrification in *Neisseria gonorrhoeae* [J]. Journal of Bacteriology, 2013, 195 (11): 2518-2529.

[265] Anwar S, Dikhit M R, Singh K P, et al. Interaction between Nbp35 and Cfd1 proteins of cytosolic Fe-S cluster assembly reveals a stable complex formation in Entamoeba histolytica [J]. PLOS One, 2014, 9 (10): e108971.

[266] Maddela N R, Sheng B, Yuan S, et al. Roles of quorum sensing in biological wastewater treatment: a critical review [J]. Chemosphere, 2019, 221: 616-629.

[267] Gómez-Gómez B, Arregui L, Serrano S, et al. Unravelling mechanisms of bacterial quorum sensing disruption

by metal-based nanoparticles [J]. Science of the Total Environment, 2019, 696: 133869.

[268] Liu Y N, Zhang F, Jie L, et al. Exclusive extracellular bioreduction of methyl orange by azo reductase-free *Geobacter sulfurreducens* [J]. Environmental Science & Technology, 2017, 51 (15): 8616-8623.

[269] Yang J, Feng L, Pi S, et al. A critical review of aerobic denitrification: insights into the intracellular electron transfer [J]. Science of the Total Environment, 2020, 731 (44): 139080.

[270] Leinartaitė L, Saraboji K, Nordlund A, et al. Folding catalysis by transient coordination of Zn^{2+} to the Cu ligands of the ALS-associated enzyme Cu/Zn superoxide dismutase 1 [J]. Journal of the American Chemical Society, 2010, 132 (38): 13495-13504.

[271] Tasnim H, Landry A P, Fontenot C R, et al. Exploring the FMN binding site in the mitochondrial outer membrane protein mitoNEET [J]. Free Radical Biology and Medicine, 2020, 156: 11-19.

[272] Van Boeckel T P, Brower C, Gilbert M, et al. Global trends in antimicrobial use in food animals [J]. Proceedings of the National Academy of Sciences of the United States of America, 2015, 112 (18): 5649-5654.

[273] Yang B, Burch R, Hardacre C, et al. Selective hydrogenation of acetylene over Cu (211), Ag (211) and Au (211): Horiuti-Polanyi mechanism vs. non-Horiuti-Polanyi mechanism [J]. Catalysis Science & Technology, 2017, 7 (7): 1508-1514.

[274] Zhao T, Wang G, Gong M, et al. Self-optimized ligand

[275] effect in ll 2 -ptpdfe intermetallic for efficient and stable alkaline hydrogen oxidation reaction [J]. ACS Catalysis, 2020, 10 (24): 15207-15216.

[275] Yao Q, Zhou X, Xiao S, et al. Amorphous nickel phosphide as a noble metal-free cathode for electrochemical dechlorination [J].Water Research, 2019, 165: 114930.

[276] Ali I, Khan T, Omanovic S. Direct electrochemical regeneration of the cofactor NADH on bare Ti, Ni, Co and Cd electrodes: the influence of electrode potential and electrode material [J]. Journal of Molecular Catalysis A: Chemical, 2014, 387: 86-91.

[277] Xu K Q, Chatzitakis A, Backe P H, et al. In situ cofactor regeneration enables selective CO_2 reduction in a stable and efficient enzymatic photoelectrochemical cell [J]. Applied Catalysis B: Environmental, 2021, 296: 120349.

[278] Ren Q, Shi M, Chen L, et al. Integrated proteomic and metabolomic characterization of a novel two-component response regulator Slr1909 involved in acid tolerance in *Synechocystis* sp. PCC 6803 [J].Journal of Proteomics, 2014, 109: 76-89.

[279] Alice A, Richard C, Roger D, et al. Role of GSH in estrone sulfate binding and translocation by the multidrug resistance protein 1 (MRP1/ABCC1) [J].Journal of Biological Chemistry, 2006, 281 (20): 13906-13914.

[280] Xu D, Liu H, Yin Z, et al. Oxytetracycline co-metabolism with denitrification/desulfurization in SRB mediated system [J].Chemosphere, 2022, 298: 134256.

[281] Shaw D R, Ali M, Katuri K P, et al. Extracellular electron transfer-dependent anaerobic oxidation of ammonium

[282] Holman R W. Strategic applications of named reactions in organic synthesis [J]. Journal of Chemical Education, 2004, 82 (12): 1780-1781.

[283] Wang X, Shen J, Kang J, et al. Mechanism of oxytetracycline removal by aerobic granular sludge in SBR [J].Water Research, 2019, 161: 308-318.

[284] Yan W, Zhang H, Zhang J, et al. Degradation of tetracycline in aqueous media by ozonation in an internal loop-lift reactor [J]. Journal of Hazardous Materials, 2011, 192 (1): 35-43.

[285] He P, Mao T, Wang A, et al. Enhanced reductive removal of ciprofloxacin in pharmaceutical wastewater using biogenic palladium nanoparticles by bubbling H_2 [J].RSC Advances, 2020, 10 (44): 26067-26077.

[286] 贾昊凝,李艳,黎晏彰,等. 矿物电子能量协同微生物胞外电子传递与生长代谢[J]. 微生物学报, 2020, 60 (9): 2084-2105.

[287] Wang Y P, Yu S S, Zhang H L, et al. Roles of 3, 3′, 4′, 5-tetrachlorosalicylanilide in regulating extracellular electron transfer of Shewanella oneidensis MR-1 [J].Scientific Reports, 2015, 5 (1): 7991.

[288] Li X, Zhao X, Chen Z L, et al. Isolation of oxytetracycline-degrading bacteria and its application in improving the removal performance of aerobic granular sludge [J]. Journal of Environmental Management, 2020, 272: 111115.

[289] Wang Q Q, Yates S R. Laboratory study of oxytetracycline

degradation kinetics in animal manure and soil [J]. Journal of Agricultural and Food Chemistry, 2008, 56 (5): 1683-1688.

[290] 李杰. 电活性细菌双向电子传递的过程调控及环境应用 [D]. 合肥: 中国科学技术大学, 2020.

[291] 马春媚. 一氧化氮对桃果实三羧酸循环相关酶活性及蛋白质结构的影响 [D]. 泰安: 山东农业大学, 2013.

[292] Slater E C. Measurement and importance of phosphorylation potentials: calculation of free energy of hydrolysis in cells [J]. Methods in Enzymology, 1979, 55 (23): 235.

[293] Delgado-Baquerizo M, Maestre F T, Reich P B, et al. Microbial diversity drives multifunctionality in terrestrial ecosystems [J]. Nature Communications, 2016, 7: 10541.

[294] Schnappinger D, Hillen W. Tetracyclines: antibiotic action, uptake, and resistance mechanisms [J]. Archives of Microbiology, 1996, 165 (6): 359-369.

[295] Yu X L, Chen J H, Liu X X, et al. The mechanism of uptake and translocation of antibiotics by pak choi (Brassica rapa subsp. chinensis) [J]. Science of the Total Environment, 2022, 810: 151748.

[296] Okamoto A, Tokunou Y, Kalathil S, et al. Proton transport in the outer-membrane flavocytochrome complex limits the rate of extracellular electron transport [J]. Angewandte Chemie International Edition, 2017, 56 (31): 9082-9086.

[297] Feng Y X, Cao Y X, Wang L, et al. Modular engineering to increase intracellular NAD (H/+) promotes rate of extracellular electron transfer of *Shewanella oneidensis* [J]. Nature Communications, 2018, 9 (1): 3637-3637.

[298] Li F, Li Y, Sun L M, et al. Modular engineering intracellular NADH regeneration boosts extracellular electron transfer of *Shewanella oneidensis* MR-1 [J]. ACS Synthetic Biology, 2018, 7 (3): 885-895.

[299] Liu D F, Li W W. Potential-dependent extracellular electron transfer pathways of exoelectrogens [J]. Current Opinion in Chemical Biology, 2020, 59: 140-146.

附录 主要符号表

英文缩写	英文全称	中文全称
ATP	Triphosadenine	三磷酸腺苷
BAL	Dimercaprol dimercaptopropanol	二巯基丙醇
bio-Pd@ Cells	Cells loaded by bio-Pd^0	钯负载细胞
bio-Pd^0	Biogenic palladium nanoparticles	生物钯纳米颗粒
Cyts	Cytochrome	细胞色素
CDW	Cell dry weight	细胞干重
CoQ	Coenzyme Q	辅酶 Q
CTC	Chlorotetracycline	金霉素
CV	Cyclic voltammetry	循环伏安法
DET	Direct electron transfer	直接电子传递
DPV	Differential pulse voltammetry	差分脉冲伏安法
DXC	Doxycycline (cline)	多西环素
MP	Membrane potential	膜电位
ΔTPG	Difference of initial TPG and steady TPG	初始与稳态 TPG 之差
EDC	Electron donor capacity	供电子能力
EET	Extracellular electron transfer	胞外电子传递
EIS	Electrochemical impedance spectrum	电化学阻抗谱图
EPS	Extraleullcar polymeric sukstances	胞外聚合物
ETS	Electron transfer system	电子传递系统
ETSA	Electron transfer system activity	电子传递系统活性

(续表)

英文缩写	英文全称	中文全称
FAD	Flavin adenine dinucleotide	黄素腺嘌呤二核苷酸
FDH	Formate dehydrogenase	甲酸脱氢酶
FESEM	Field emission scanning electron microscope	场发射扫描电子显微镜
FMN	Flavin mononucleotide	黄素单核苷酸
GSH-PX	Glutathion peroxidase	谷胱甘肽过氧化物酶
Hase	Hydrogenase	氢化酶
IDH	Isocitrate dehydrogenase	异柠檬酸脱氢酶
IET	Intracellular electron transfer	胞内电子传递
IR	Inhibition ratio	抑制率
I-t	Amperometric i-t curve	恒电位计时电流
LDH	Lactic dehydrogenase	乳酸脱氢酶
LSV	Linear sweep voltammetry	线性扫描伏安法
MET	Mediation electron transfer	间接电子传递
MHC	Muti-heme cytochrome	多血红素细胞色素
NAD(H&+)	Total amount of NADH and NAD^+	NADH 总量
NAP	Periplasmic nitrate reductase	周质硝酸还原酶
NIR	Nitrite reductase	亚硝酸盐还原酶
OTC	Oxytetracycline	土霉素
PBS	Phosphate buffered solution	磷酸盐缓冲溶液
pH_{in}	Intracellular pH	胞内 pH
pH_{out}	Extracellular pH	胞外 pH
PMF	Proton motive force	质子动力势
RF	Riboflavin	核黄素
SCE	Saturated calomel electrode	饱和甘汞电极
STH	Succinate thiokinase	琥珀酸硫激酶
TBA	Tert-butyl alcohol	叔丁醇

(续表)

英文缩写	英文全称	中文全称
TC	Tetracycline	四环素
TCs	Tetracyclines	四环素类抗生素
TEM	Transmission electron microscopy	透射电子显微镜
TPG	Transmembrane proton gradient	跨膜质子梯度
XRD	X-ray diffractometer	X 射线衍射仪